JN156917

これならわかる！ Googleアナリティクス

今日からはじめるアクセス解析超入門

志鎌真奈美
Manami Shikama

技術評論社

はじめに

Webサイトは作って終わりではありません。

制作後運用という段階に入ったときに必ず必要になるのが、現状と課題の把握、そして改善案の立案と実行です。これら一連の流れに欠かせないのが「アクセス解析」です。

私は、1997年からインターネットの世界に足を踏み入れたのですが、当時はアクセス解析という概念が一般的ではなく、「アクセスカウンター」というツールを使っていました。今で言うと「ページビュー」を把握するだけのツールでしたが、中にはリアルタイムで何人訪問しているかわかるものもあり、「なんて面白いんだろう！」と思ったことを覚えています。

時は経ち、アクセス解析も身近なものになりました。中でも、解析ツールとして広く普及しているのが、Googleアナリティクスです。無料で使えて高度な解析もできるのですが、その分、難しいと思ってしまう人も少なくないようです。しかし、アクセス解析初心者にとって覚えておきたい機能というのは、それほど多いわけではありません。本書は、入門書として、できるだけわかりやすく解説しています。

閲覧者の反応を確認しながら迅速に対策を打っていけるのがサイト運営の面白さです。一人でも多くの人に、アクセス解析の大切や楽しさを届けられたら…そんな思いで執筆しました。

このたびは、解析をテーマにしたセミナーに登壇したのがきっかけでこの書籍を書くことになりました。声をかけてくださった技術評論社の矢野智之さん、そして編集担当の宮崎主哉さんに感謝を込めて。

志鎌　真奈美

Contents

Chapter 3 Googleアナリティクスの基本的な使いかたを知ろう

Chapter 4 訪問者と訪問経路を分析&改善しよう

Chapter 6 目標を設定&確認しよう

Chapter 7 Googleアナリティクスをもっと使いやすくしよう

Chapter 8 Googleサーチコンソールと連携して分析&改善しよう

ご注意

ご購入・ご利用の前に必ずお読みください

- 本書に記載された内容は、情報提供のみを目的としています。したがって、本書を用いた運用は、必ずお客様自身の責任と判断によって行ってください。これらの情報の運用の結果について、技術評論社および著者はいかなる責任も負いません。
- 本書の記述は、特に断りのないかぎり、2018年2月現在での最新情報をもとにしています。これらの情報は更新される場合があり、本書の説明とは機能内容や画面図などが異なってしまうことがあり得ます。あらかじめご了承ください。
- 本書の内容は、Windows 10およびGoogle Chromeで検証を行っています。
- インターネットの情報については、URLや画面などが変更されている可能性があります。ご注意ください。

以上の注意事項をご承諾いただいた上で、本書をご利用願います。これらの注意事項をお読みいただかずに、お問い合わせいただいても、技術評論社および著者は対処しかねます。あらかじめご承知おきください。

Chapter 1

アクセス解析について知ろう

まず、Googleアナリティクスで
何ができるのか?を
簡単に押さえておきましょう。

Section 01 Webサイトのアクセス解析はなぜ必要？

Webサイトを公開し、運用していくうちに「改善」が必要になる時期が来ます。アクセス解析を使うことで、現状の把握と改善すべき点の洗い出しができます。

アクセス解析とは

アクセス解析はなぜ必要なのでしょうか？
たとえば、Webサイトからまったく問い合わせが来ない場合、「全く原因がわからない」という状況は少なくないかも知れません。いざ「何か対策を」と考えたときに、1つも手がかりがない状態で、やみくもに手を打っても、結果に結び付かないでしょう。それは、地図を持たずに、知らない道を歩くようなものです。
Webサイトを改善するときに、訪問者がいるのか、いないのかで対策が違ってきます。訪問者が少なすぎる場合には、まず「Webサイトに人を連れて来る」ことが最重要課題になるでしょうし、訪問者がある程度いるのに、成果が出ない場合には、Webサイトの内部改善が重点課題になります。
そのときに、判断材料にするのが「アクセス解析」の指標です。Webサイトの健康状態を診断できるツールと覚えておくと、わかりやすいでしょう。

アクセス解析は、Webサイトの案内になります。

現状を把握するためのツールであることを知ろう

アクセス解析ツールは、Webサイトの現状を把握するためのものです。
「意図した通りの地域から人が来ているか」「キャンペーンの成果は出ているか」など、何かしらの施策をおこなったときに、効果を知るために役に立てることができます。さらに「突然アクセス数が減った」「訪問者からのアクションがなくなった」など、不意に大きな変化が起こった時に、アクセス解析を使って、原因を突き止めることもできます。
Webサイトの健康状態を定期的に知るためにも、必ず設置しておきましょう。

改善点を洗い出すためのツールであることを知ろう

アクセス解析を使って現状が把握できたら、改善点を洗い出します。
業務を管理をする手法のひとつとしてPDCAがあります。PLAN(計画する)、DO(実行する)、CHECK(評価する)、ACT(改善する)の4段階を繰り返し実行することで、管理業務を継続して改善させる方法です。
Webサイトも、このPDCAサイクルを回しながら、運営していきます。アクセス解析は、「C」の段階で必ず必要になります。現状を把握し、仮説を立て、改善施策を実行するために欠かせないツールなのです。
ただ数字を見るだけでなく、改善点も洗い出せるようにしましょう。

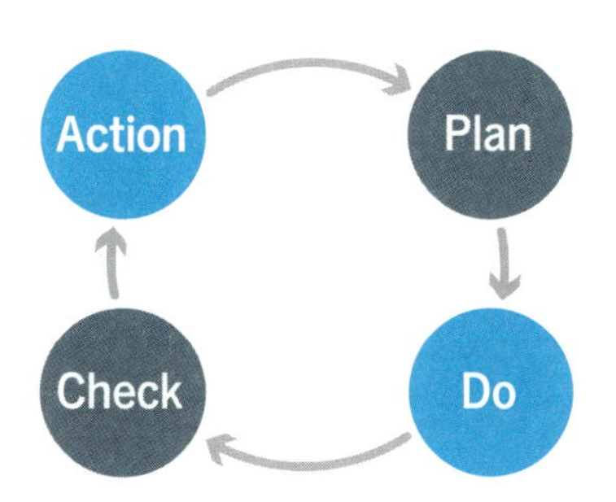

Googleアナリティクス自体は、分析するためのツールです。しかし、ただ分析するだけは意味がありません。本書では、画面の見方や数値の読み取り方だけでなく、改善のヒントになる内容も合わせて掲載しています。必要に応じて、分析・改善の両方を活用してください。

Section 02 Googleアナリティクスって何？

Webサイトのアクセス状況を分析できるツールはいくつもありますが、本書では無料で利用でき、普及率も高いGoogle社提供の「Googleアナリティクス」を使用して分析方法を解説していきます。

Googleアナリティクスの特徴は？

Googleアナリティクスは、Google社が提供する無料のアクセス解析ツールです。2015年末の時点で上場企業の80％近くが導入しているというデータもあり、普及率が高いのも特徴です。

「どこから人が来ているか」「どのページがよく閲覧されているか」「閲覧者はどんな環境なのか」など、アクセス状況に関するさまざまなデータを分析することができます。また、複数人で同じデータを共有し解析することができるなど、無料であるにも関わらず、驚くほど多くの機能がついているのです。

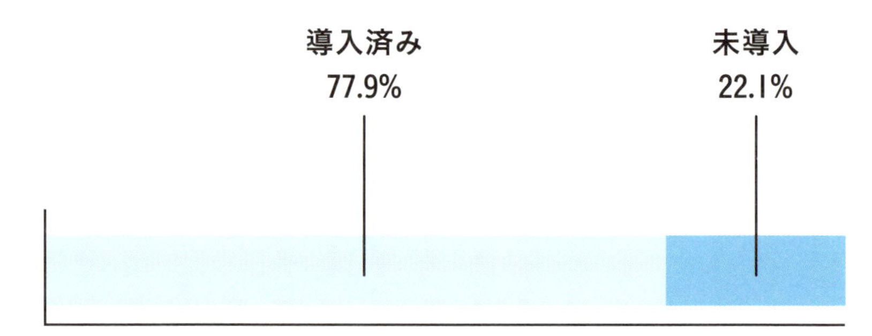

上場企業2806社のGoogleアナリティクス導入率（2015年12月時点）
Nexal,Inc.（http://nexal.jp/blogs/20151225170217.html）のデータを元に作成

他のツールと合わせてより詳しく分析しよう

Googleアナリティクスは、単体でも十分高機能ですが、他のツールと合わせて使うことで、Webサイトをさらに詳しく分析することができます。

たとえば、Googleサーチコンソールを使えば、Googleアナリティクスでは、ほとんど解析できない「何のキーワードでWebサイトにアクセスされているか」がわかります。また、Google Chrome上で追加できる機能をつかうと、Webサイト上のどこが何%クリックされているかを知ることも可能なのです。

Googleアナリティクスは難しくありません

無料で使えるツールではあるものの、「設置はしてみたものの、よくわからない」「使いこなせない」という人も少なくありません。さきほど、無料にも関わらず高機能であると述べましたが、機能が多すぎることがかえって、Googleアナリティクスをわかりにくくしているともいえるでしょう。
それではGoogleアナリティクスは本当に難しいのでしょうか？
最初は見慣れない画面や用語が出てきて、戸惑うかも知れません。しかし、Googleアナリティクスで覚えるべき機能は大きく分けて5つです。実はそれほど多くないのです。
用語を知る、基本機能を覚える、そして自サイト運営に必要な機能だけを選択する方法を知ることで、Googleアナリティクスは決して難しくないないことを、理解してただけるはずです。

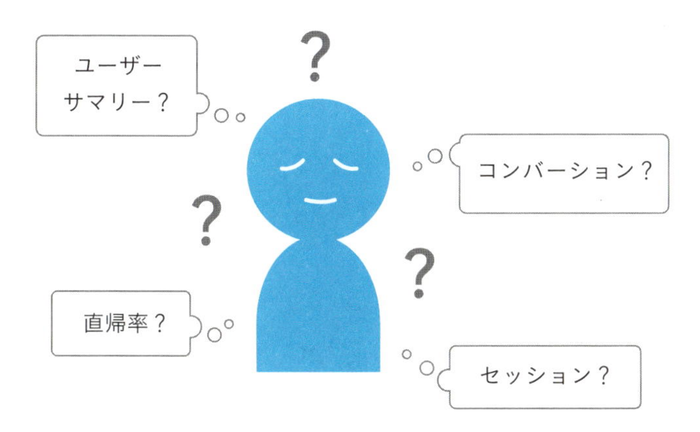

多機能すぎて、使い方がわかりづらい

Googleアナリティクスの初心者は、画面の見方が難しいと感じる人が多いのですが、基本ポイントを押さえることで、「意外とかんたんに」Webサイトを診断するための指標を知ることができます。また、自身が見るべき指標へ、すばやくアクセスできるよう設定をカスタマイズすることもできますので、機能を取捨選択することで、スムーズに解析できるようになります。

Section 03 Googleアナリティクスで具体的に何ができるの？

Googleアナリティクスには、大きく分けて5つの機能があります。この後それぞれ詳しく解説しますが、まずはざっと機能の概要をつかんでおきましょう。

リアルタイムのアクセス状況を確認できる

今現在、この瞬間にWebサイトに何人アクセスしているかを確認することができます。閲覧者が何人いて、どのページにアクセスしているか、どの地域から訪問されているのかがわかります。

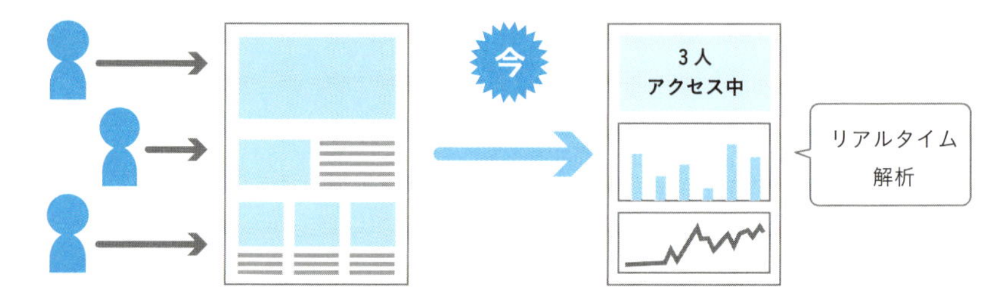

●この機能を使って分析できること

リアルタイムの
・訪問者数
・分単位・秒単位での推移
・どの地域からアクセスしているか
・Webサイト内のどのページにアクセスしているか
・訪問者がパソコンユーザーかスマートフォンユーザーか
・何の検索キーワードでアクセスして来たか
など

どんな人がアクセスしているかを確認できる

Googleアナリティクスでは、どんな人が来ているかを確認できます。閲覧者の都道府県、アクセスしている端末はパソコンかスマートフォンなのか、使用しているブラウザは何か、新規の訪問かリピート訪問かなどもわかります。
また、あらかじめ設定しておくことで、閲覧者の性別や年齢層を知ることもできます。

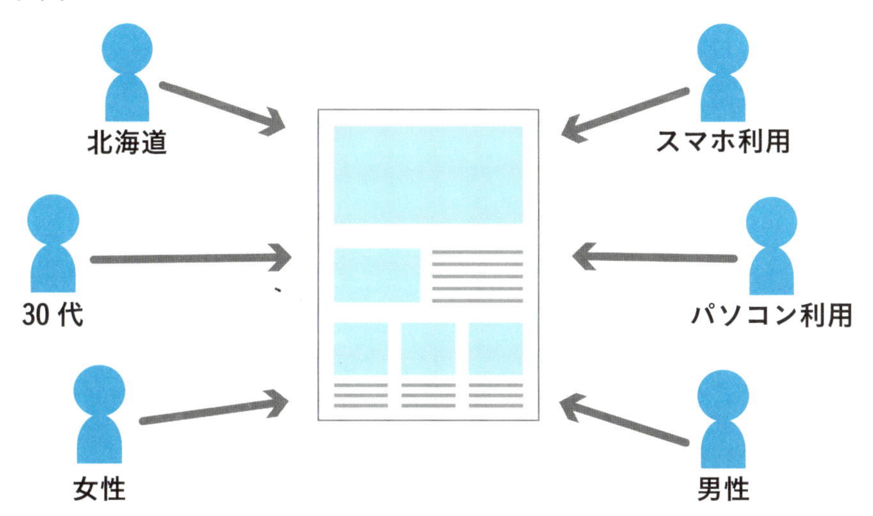

●この機能を使って分析できること

設定した期間内で

- 訪問者数
- ページビュー数
- 新規訪問者とリピート訪問者の数、割合
- 直帰率（1ページだけ閲覧して、Webサイトを離れた人）
- どの国や地域からアクセスしているか
- 訪問者の閲覧環境（パソコン・スマートフォン、ブラウザの種類、OSの種類など）
- 訪問者が利用しているプロバイダー（インターネットの接続回線）
- ユーザー属性（閲覧者の性別、年齢層）

など

どんなルートでアクセスしているか確認できる

閲覧者が、自サイトにどの経路で来たのか確認することができます。検索、他のWebサイト、SNS経由など、どの経路から訪問者が来ているのかがわかります。

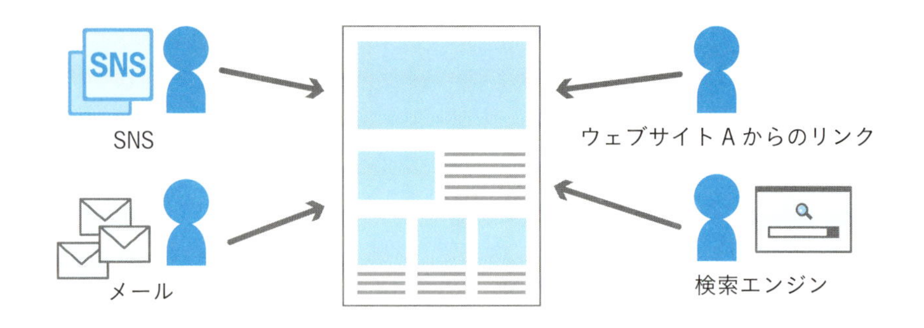

●この機能を使って分析できること

設定した期間内で

・訪問者がどのルートでWebサイトに来ているかの割合（検索、リンク、SNSなど）
・何の検索キーワードでアクセスして来たか
・どの検索エンジンから訪問者が来ているか
・訪問者が一番最初に着地したページはどこか
・どのSNSからアクセスして来たか

など

どこを見ているかを確認できる

閲覧者がどのページを見ているかを確認できます。Webサイト内の人気ページがわかるほか、Webサイト内で、どこのページに最初に訪れ、どこのページで離脱しているか、あるいはWebサイトをのページを閲覧している順番などもわかります。

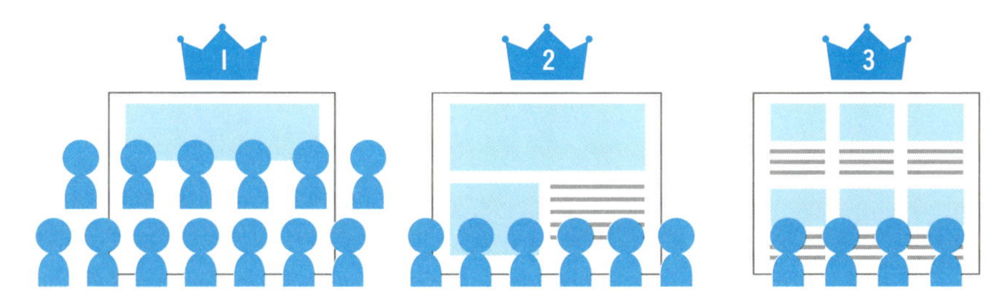

●この機能を使って分析できること

設定した期間内で

・ページビュー数

・ページ別の訪問者数
・アクセスの多いページ、少ないページの一覧
・Webサイト内での行動フロー
・どのページに一番多く着地し、どのページで離脱しているか
・Webサイトの表示速度
など

目標を設定できる

Googleアナリティクスで一通り分析できるようなったら、Webサイトの目標を設定しましょう。あらかじめ立てた目標数値を設定し、リアルタイムで達成率を計測することができます。

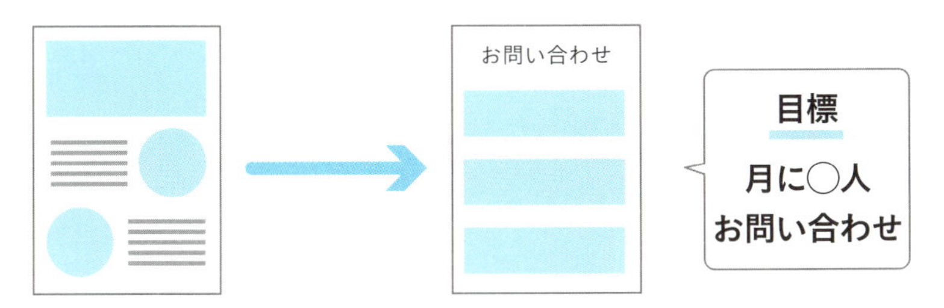

●この機能を使って目標設定できること

・指定したページへのアクセス数を目標として設定する
・滞在時間を目標として設定する
・特定のバナーやボタンがクリックされた数を計測する
・PDFなどの書類が何件ダウンロードされたかを計測する
・Webページ内に設置した動画の再生数
・目標として決めたページビュー数に達した数を計測する
など

Googleアナリティクスを導入すると、さまざまな角度からWebサイトへのアクセス状況を知ることができます。設置されている項目はたくさんあるのですが、大きくは、「リアルタイム」「どんな人」「どんな経路」「どこを閲覧」「目標設定」の5つの指標であることを押さえておいてください。

数字が苦手でも大丈夫

「数字は苦手。だからアクセス解析を見てもさっぱりわからない」

そう口にする人は少なくありません。実は、著者自身ももともと数字は苦手でした。

しかしWebサイトをいくつも制作しているうちに、せめて訪問者数やページビューだけは知っておこうと、簡易なアクセス解析ソフトを付けてみました。当時は、簡単な数字を追っているだけでしたが、その面白さや興味深さにはまり、毎日アクセス解析の画面を見ては数字のチェックを楽しみにしていました。

その後、Googleアナリティクスが登場し、さらに高度な分析が無料でできるようになったとき、その面白さは数倍にもはね上がりました。特に、検索エンジンから来ているキーワードや、アクセスが多いページの一覧などを見ると、自サイトがどのように訪問され、どのページがよく読まれているかが一目瞭然です。

Googleアナリティクスを理解する上で、覚えておきたい数字というのは、実はそれほど多くはありません。この書籍を通して、数字に強いか弱いかは、それほど関係ないことを知っていただけたら嬉しいです。

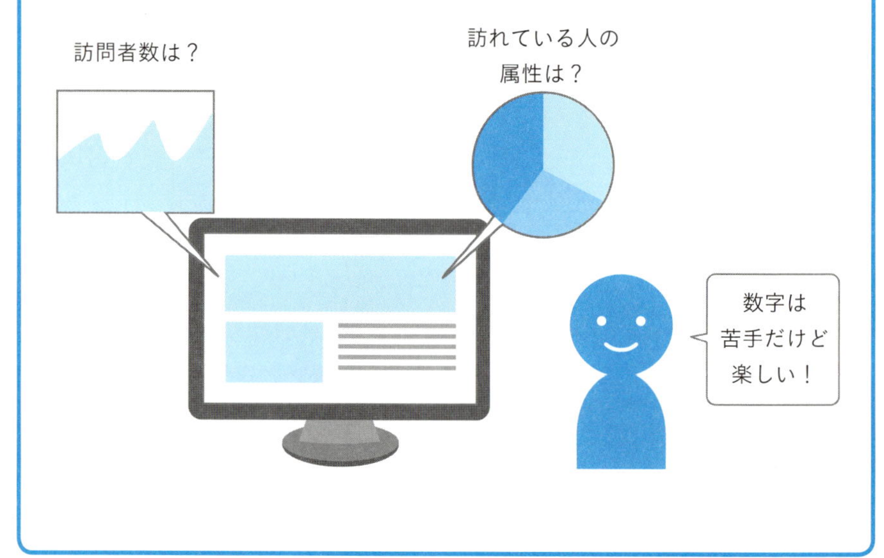

Chapter 2

Googleアナリティクスを導入しよう

ここでは
Googleアナリティクスの
導入方法を解説します。
利用するには、分析するWebサイト
ごとの設定が必要になります。

Section 04 Googleアナリティクス導入の流れを知ろう

Googleアナリティクスを使うためには、アカウントを開設し、分析したいWebサイトに設置する必要があります。

Googleアナリティクス設置の流れ

本章では、Googleアナリティクスのアカウント取得やWebサイトへの設置など、使う前に必要な準備について、以下の順で解説します。

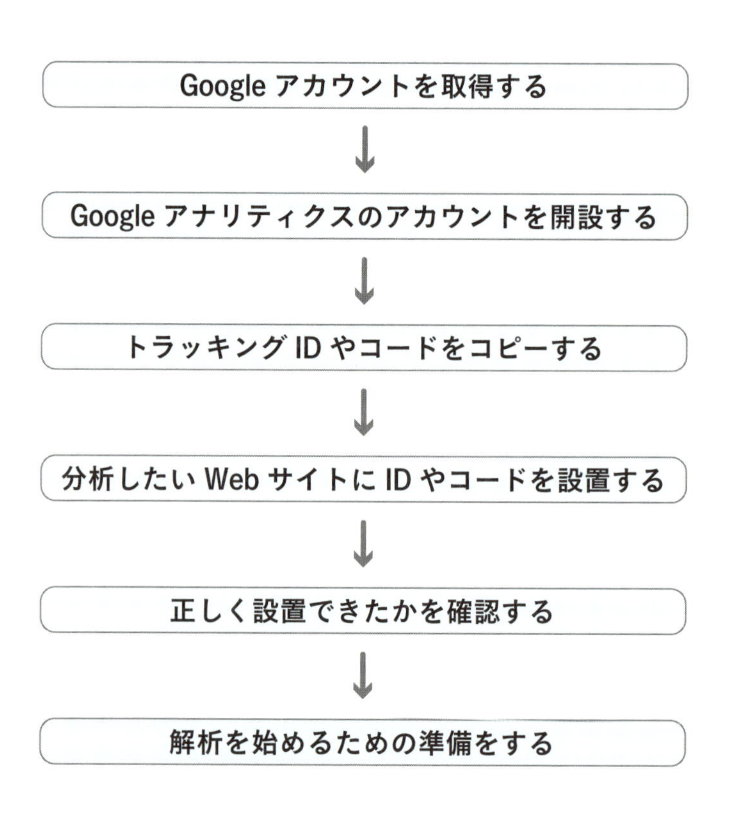

 Googleアカウントが必須

Googleアナリティクスを使用するためには、Googleのアカウントが必要になります。Googleのアカウントは無料で登録することができ、Googleアナリティクスをはじめ、Chapter 8で登場するGoogleサーチコンソールを使用する際にも必要になります。

すでにGmail（ジーメール）のアドレスを持っている、あるいはGoogleカレンダーを使ったことがある場合は、Googleのアカウントをすでに持っている状態なので新たに取得する必要はありません。Googleアカウントを新規で取得する場合は、以下のアカウント作成ページへアクセスし、画面の指示に従ってアカウント取得の手続きをしましょう（P.216〜217参照）。

Googleアカウントの取得ページ（https://accounts.google.com/SignUp?hl=ja）

Googleアナリティクスを使用するには、「Googleアカウント」を取得しておく必要があります。取得ページの指示に従って手続きを進めてください。すでにGoogleアカウントを取得している人は、改めて取得する必要はありません。

Section 05 Googleアナリティクスを利用する準備をしよう

Googleのアカウントを持っているだけでは、Googleアナリティクスを使うことはできません。ここでは、Googleアナリティクスを開設し、使用するための準備について解説します。

Googleアナリティクスのアカウントを新規作成する

取得したGoogleのアカウントを使って、Googleアナリティクスのアカウントを作成してみましょう。

① Googleアナリティクスの公式サイト（https://www.google.com/intl/ja_jp/analytics/）へアクセスし、「ログイン」をクリックします 1 。

② 「Googleアナリティクス」をクリックします 1 。

③ ログイン画面が表示されます。Gmailのアドレス（もしくは、Googleアカウントを取得したメールアドレス）を入力し1、「次へ」をクリックします2。

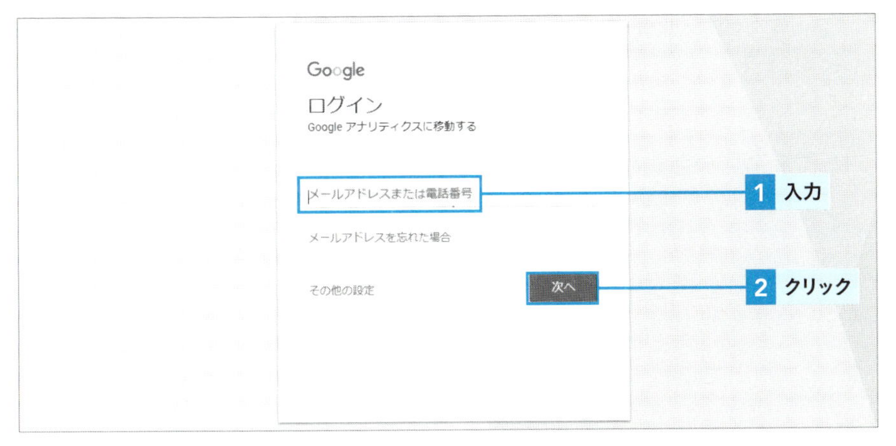

④ 手順③で入力したメールアドレスのパスワードを入力し1、「次へ」をクリックします2。

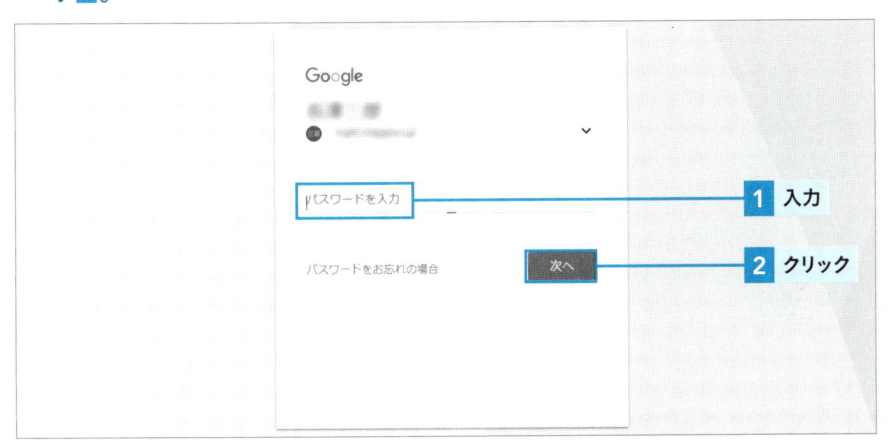

⑤ Googleアナリティクスの申込み画面が表示されます。「お申込み」をクリックします1。これでアカウントの取得は完了です。

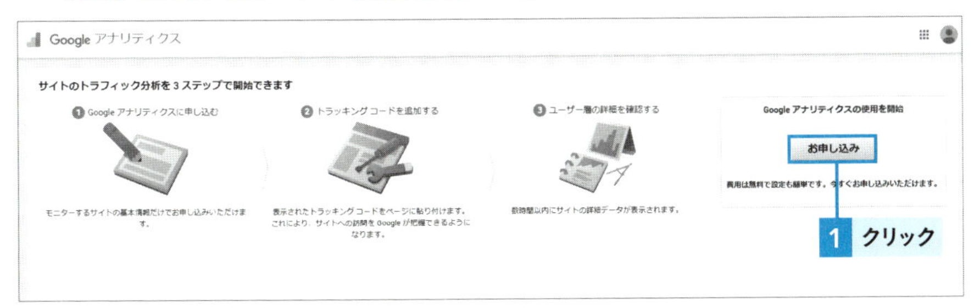

WebサイトをGoogleアナリティクスに登録する

Googleアナリティクスのアカウントを取得したら、分析するWebサイトの情報を登録します。

① P.27手順⑤の画面に続いて以下の画面が表示されます。各項目を設定します1。

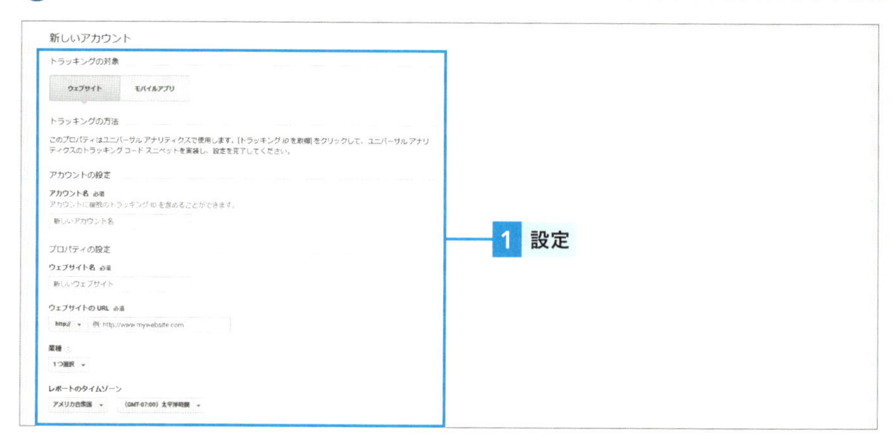

「アカウント名」には、「会社名」「屋号」「自社サイト」など、わかりやすい名称を入力します。「ウェブサイト名」に分析するWebサイトの名称を入力し、「ウェブサイトのURL」に分析するWebサイトのアドレスを入力します。「業種」の選択は任意です。また、「レポートのタイムゾーン」は標準で合衆国になっているので、日本へ変更します。

② 画面をスクロールし、下部の「トラッキングIDを取得」をクリックします。

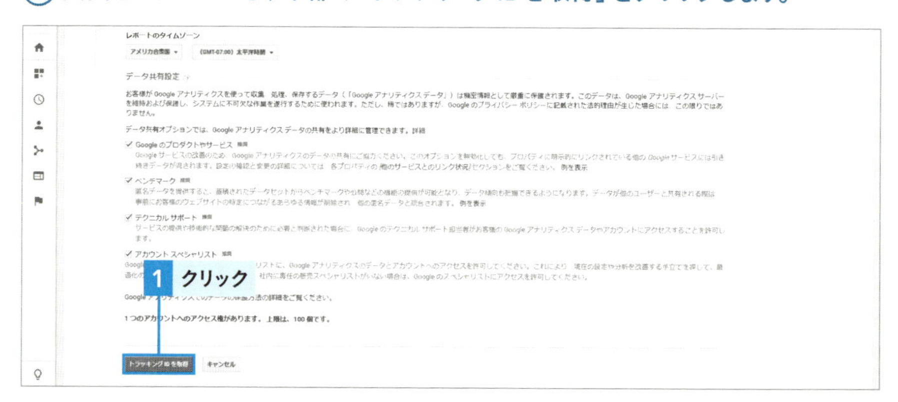

③ Googleアナリティクス利用規約が表示されます。「同意する」をクリックします 1 。

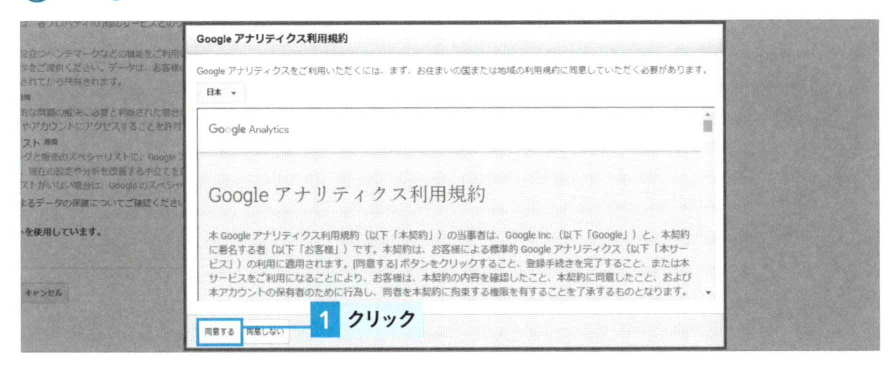

トラッキングIDとコードを発行する

Webサイトの登録が完了すると、「トラッキング情報」のページが表示されます。このページに掲載されている「トラッキングID」もしくは「グローバルサイトタグ」は、Webサイト側への設置（Sec.06～09参照）に使用する重要情報なので、コピーしてメモ帳やWordなど別のアプリにペーストして保存しておきます（P.30～31参照）。

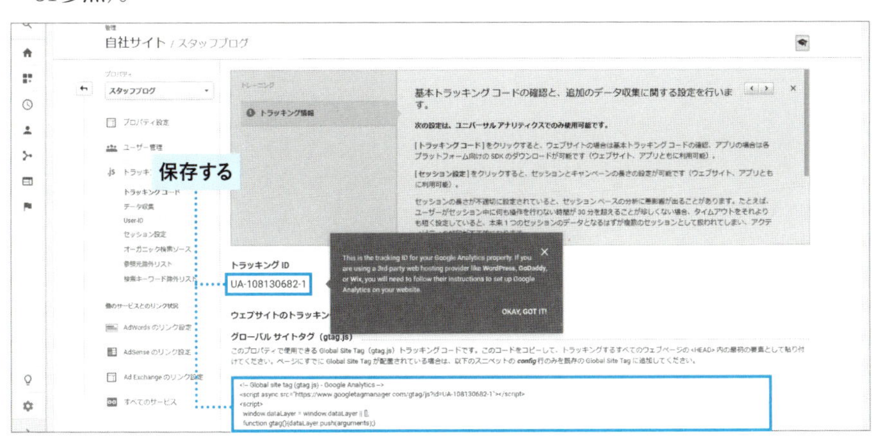

まとめ

Googleアナリティクスに登録できるWebサイトは、最大100個です。複数のWebサイトを登録するには、同じ手順を繰り返します。なお、Googleアナリティクスの「トラッキングID」や「グローバル サイトタグ」は、次ページ以降使用します。

Section 06 GoogleアナリティクスをWebサイトに設置しよう

Googleアナリティクスで、トラッキングコードを発行したら、Webサイト側へコードを設置します。ここではまず一般的なWebサイトでの設置手順を解説します。

Webサイトにトラッキングコードを設置する

運用しているWebサイトに、Googleアナリティクスのトラッキングコードを設置することで、分析が開始されます。設置するWebサイトは、P.28の「ウェブサイトのURL」に入力したWebサイトです。そして、設置するコードは「グローバル サイトタグ」を使用します。

① P.26～27の操作で、Googleアナリティクスにログインします。サイドメニューで「管理」をクリックします。「プロパティ」欄の「トラッキング情報」をクリックし**1**、「トラッキングコード」をクリックします**2**。

② 「トラッキングコード」の画面が表示されます。「グローバルサイトタグ」をコピーします 1 。

P.29で「グローバル サイトタグ」をコピーして保存していれば、それを使用します。

③ WebサイトのHTMLを編集可能状態にし、①のコードを</head>タグの直前に貼り付けます 1 。

```
<meta property="og:url" content="http://shikama.net/">
<meta property="og:title" content="千葉のホームページ制作[Shikama.net]">
<meta property="og:site_name" content="千葉のホームページ制作[Shikama.net]">
<meta property="og:type" content="website">
<meta property="og:description" content="千葉・東京で集客できるホームページ制作・Jimdo・みんビズ・Wordpressサイトの制作・Webデザイン・SEO対策・ブログ構築などを行っています。ご相談はお気軽
<meta property="og:image" content="static/img/ogp.jpg">

<meta name="viewport" content="width=device-width,initial-scale=1.0">

<link rel="stylesheet" href="static/css/common.css">
<link rel="stylesheet" href="static/css/jquery.jscrollpane.css">

<!-- Global site tag (gtag.js) - Google Analytics -->
<script async src="https://www.googletagmanager.com/gtag/js?id=UA-108130682-1"></script>
<script>
  window.dataLayer = window.dataLayer || [];
  function gtag(){dataLayer.push(arguments);}
  gtag('js', new Date());

  gtag('config', 'UA-108130682-1');
</script>

</head>

<body id="shikamanet">

        <header id="nav">
                <nav>
```

1 貼り付け

④ コードを貼り付けたら、HTMLデータをサーバーへアップロードします。

トラッキングコードは、解析したいすべてのページに貼り付ける必要があります。Web制作用のアプリやWebサイト管理用のアプリでは、HTMLのヘッダー部分だけが別のデータとして保存されている場合があります。そのときは、ヘッダー部分にタグを貼り付け更新すると、全ページに反映されます。

まとめ

Webサイトへ Googleアナリティクスを設置する場合は、「グローバルサイトタグ」を使います。解析したい全ページに貼り付ける必要があることを覚えておきましょう。もしWebサイトの管理や更新を、制作会社などに任せている場合は、「Googleアナリティクスを付けて欲しい」と依頼して、作業をしてもらうようにします。

Section 07 GoogleアナリティクスをWordPressに設置しよう

WordPressは、ブログ型のWebサイトを構築するツールです。WordPressサイトにGoogleアナリティクスを設置する方法はいくつかありますが、ここではその中から3つのパターンを解説します。

HTMLに貼り付けて設置しよう

① P.30～31を参考に「トラッキングID」画面を表示し、トラッキングコードの「グローバルサイトタグ」をコピーします 1 。

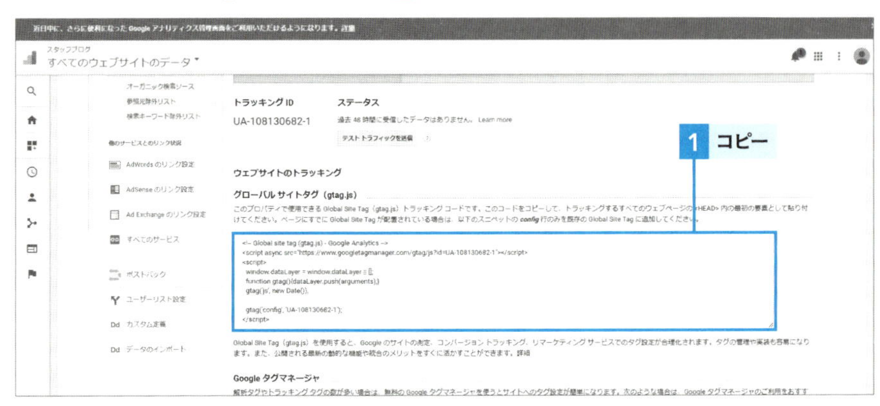

② WordPressの管理画面にログインし、「外観」>「テーマの編集」をクリックします 1 。

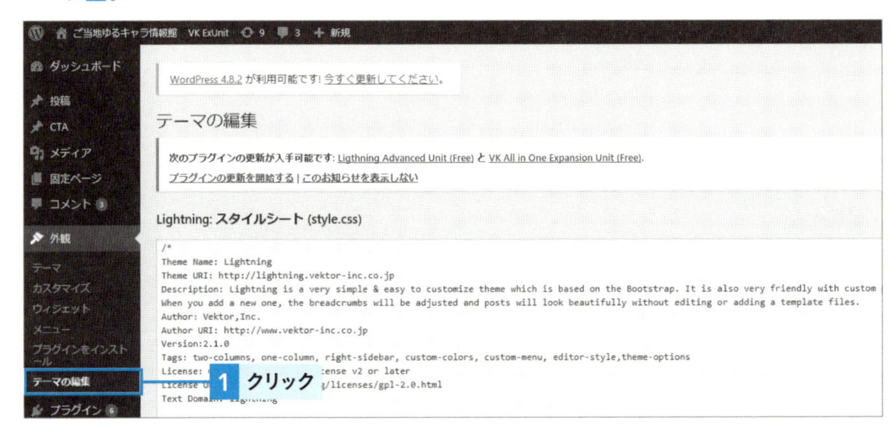

③ テーマヘッダーの「header.php」をクリックします1。

④ </head>の前に、トラッキングコードを貼り付けます1。

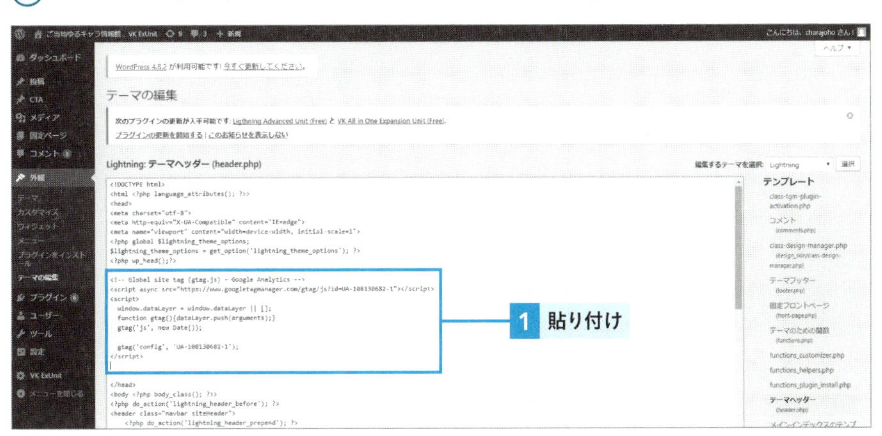

⑤ 画面をスクロールし「ファイルを更新」をクリックして完了です1。

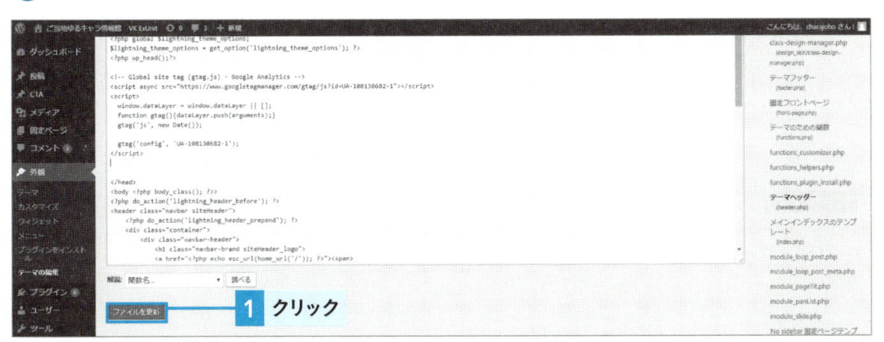

プラグインを使って設置しよう ❶

WordPressのプラグインを使用して、Googleアナリティクスを設置してみましょう。ここでは、「Google Analytics by MonsterInsights」を使います。

① WordPressの管理画面にログインし、「プラグイン」>「新規追加」をクリックします 1 。

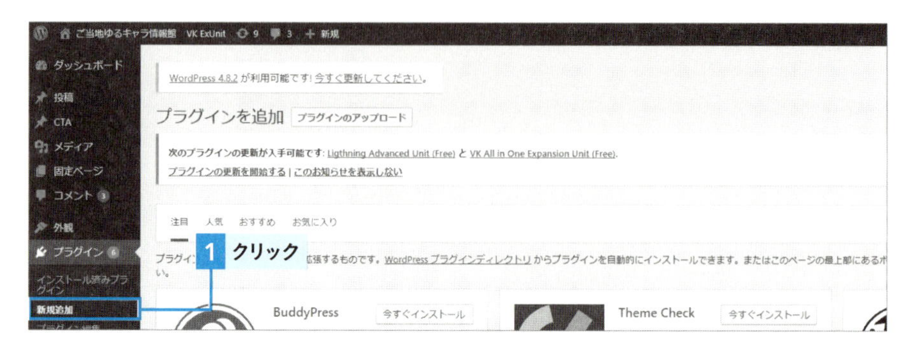

② 「Google Analytics for WordPress by MonsterInsights」を検索し、表示されたら「いますぐインストール」をクリックします 1 。

③ 「インストール済みのプラグイン」へ移動し 1 、有効化します 2 。

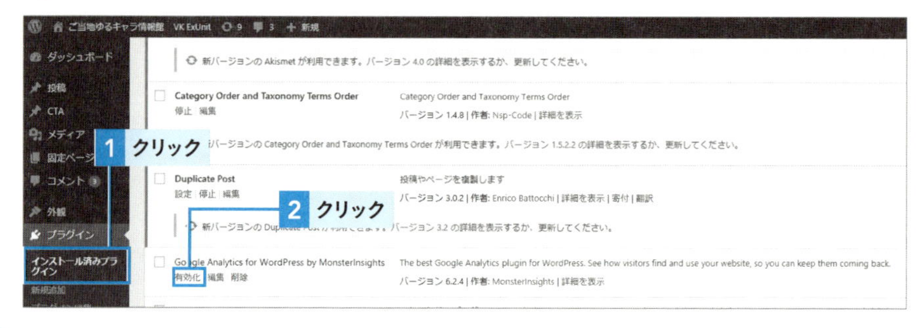

④ 左側のメニューで「インサイト」>「設定」をクリックします1。画面が切り替わったら、「Googleアカウントで認証」をクリックします2。

⑤「AUTHENTICATION」という画面が表示されます。「NEXT」ボタンをクリックし、次の画面へ移動します1。以下の画面が表示さたら「Click To Get Google Code」をクリックします2。

⑥ Googleアカウントの選択画面が表示されますので、該当のアカウントをクリックしましょう1。次の画面で「許可」をクリックすると2、設定用のコードが発行されますので、コピーします3。

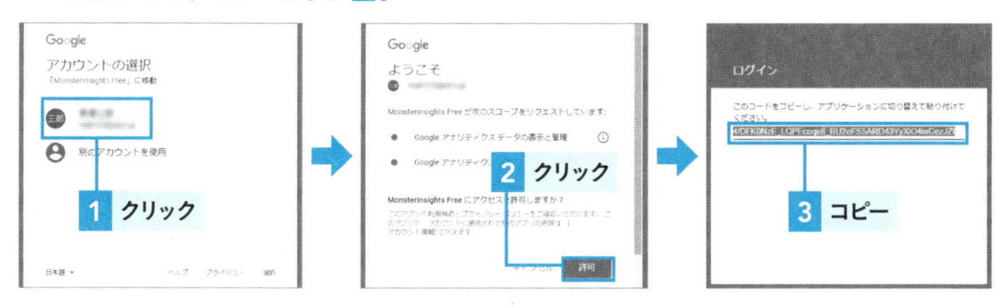

⑦ 手順⑤の画面に戻り、さきほどコピーしたコードを貼り付けて1、「NEXT」をクリックします2。プロフィールを選択する画面が表示されるので、「UAxxxxx」と書かれたコードを選択し3、「NEXT」をクリックします4。「DONE」と表示されたら完了です。

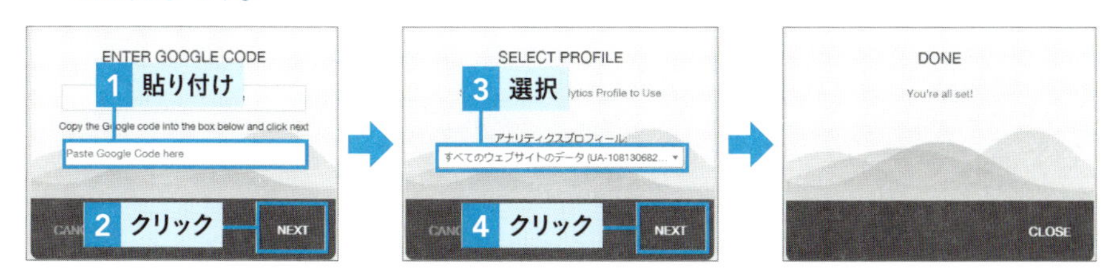

プラグインを使って設置しよう❷

前項では、「Google Analytics for WordPress by MonsterInsights」というプラグインを使いましたが、ここでは別のプラグイン「All in One SEO Pack」を使用して設置する方法を解説します。

① WordPressの管理画面にログインし、「プラグイン」>「新規追加」をクリックします1。

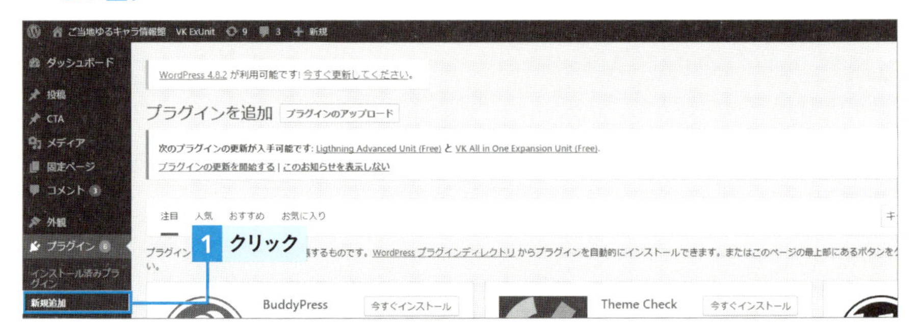

② 「All in One SEO Pack」を検索し、表示されたら「いますぐインストール」をクリックします1。

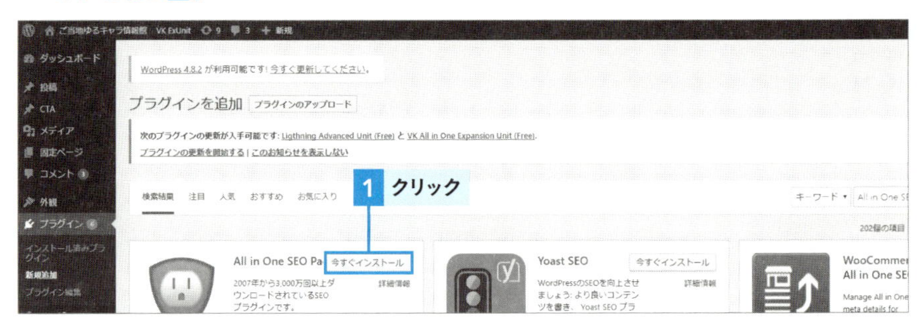

③ P.34手順③と同様に有効化します。

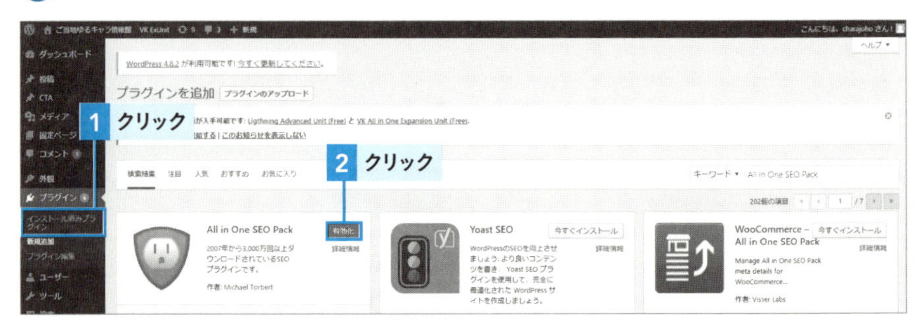

④ P.30〜31を参考にGoogleアナリティクスにログインし、「トラッキングID」をコピーします 1 。

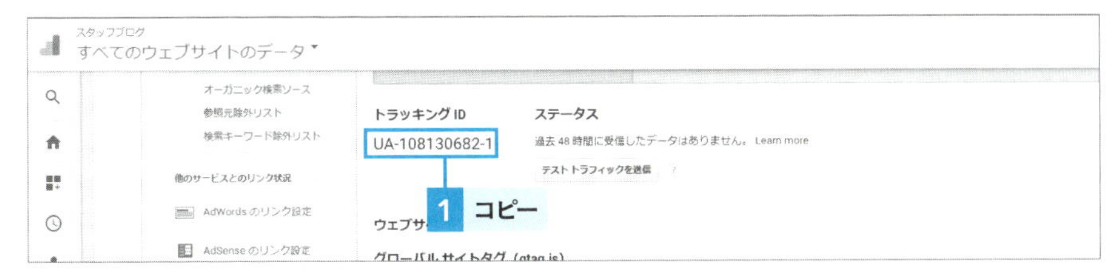

⑤ WordPressの管理画面に戻り、左側のメニュー「All in One SEO Pack」をクリックします。

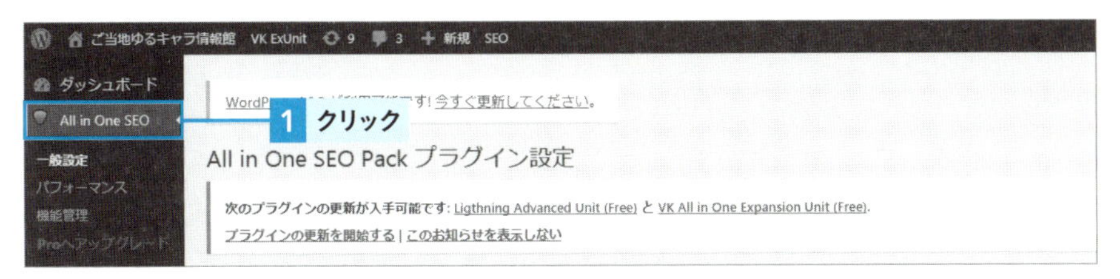

⑥ 画面を下方向にスクロールし「Google設定」>「GoogleアナリティクスID」の項目に、④のトラッキングIDを貼り付けます 1 。

⑦ 画面を一番下までスクロールし「設定を更新」をクリックして完了です 1 。

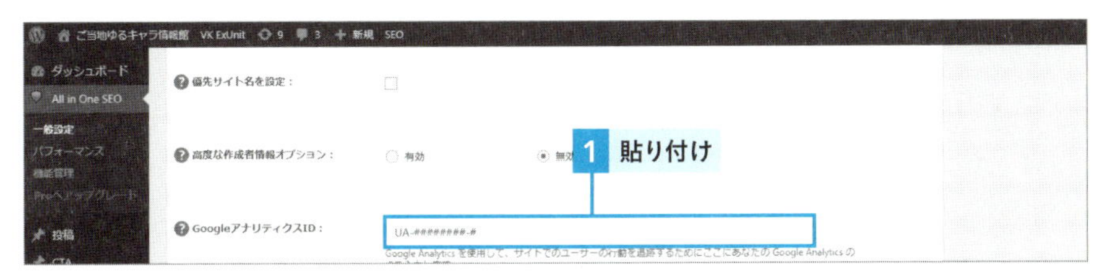

WordPressにGoogleアナリティクスを設定する方法は、いくつもありますが、代表的な3種類を解説しました。テーマに直接書き込む方法もありますが、プラグインを入れて設置した方が、間違いが少なくおすすめです。

Section 08 Googleアナリティクスをブログに設置しよう

GoogleアナリティクスはWordPressだけでなく、無料ブログなどのサービスにも設置することができます。ここでは「アメブロ」「ライブドアブログ」「FC2ブログ」「はてなブログ」への設置方法を解説します。

アメブロに設置しよう

① P.30～31を参考にGoogleアナリティクスにログインし、「トラッキングID」をコピーします 1 。

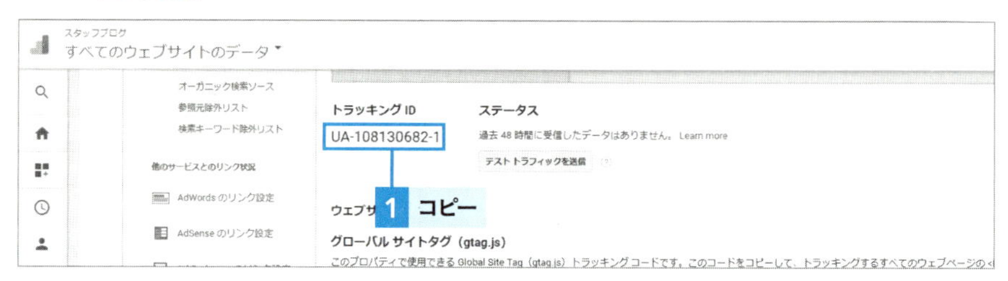

② アメブロにログインし、「ブログ管理画面」＞「設定・管理」をクリックし、「外部サービス連携」をクリックします 1 。

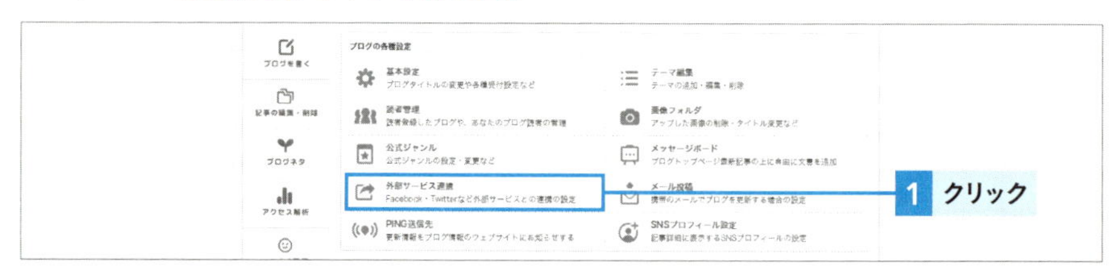

③ 「Search Console（旧ウェブマスターツール）と Google Analytics の設定」をクリックし 1 、コピーしておいた「トラッキング ID」を貼り付け 2 、「設定する」をクリックします 3 。

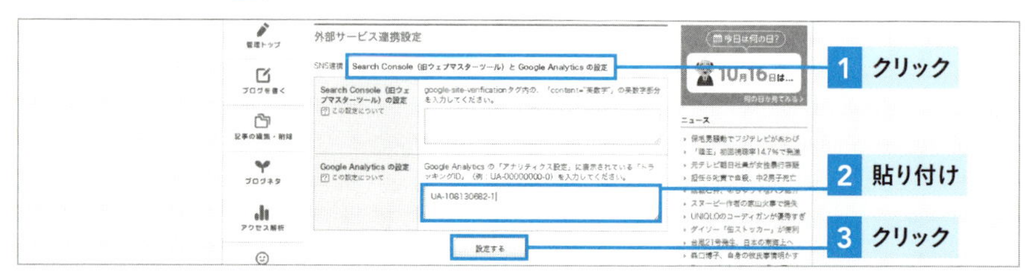

ライブドアブログに設置しよう

① P.30〜31を参考にGoogleアナリティクスにログインし、「トラッキングID」をコピーします1。

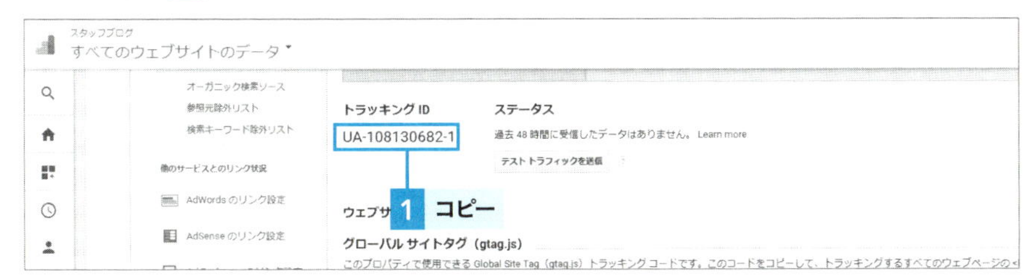

② ライブドアブログにログインし「ブログ設定」をクリックし1、「外部サービス」をクリックします2。

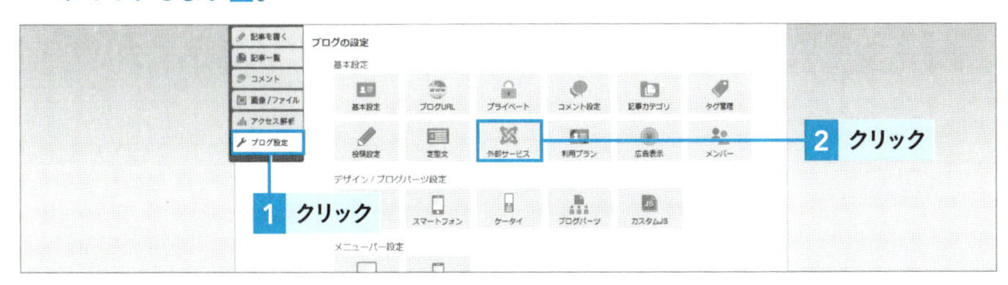

③ 画面が切り替わったら、最下部までスクロールします。「アクセス解析サービス設定」にGoogleアナリティクスのトラッキングIDを貼り付けます1。PC用とスマートフォン用に同じIDを貼り付けてください。

④「設定する」をクリックして完了です1。

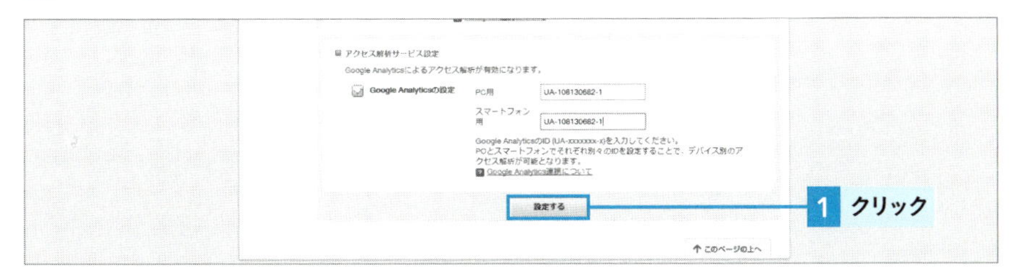

FC2ブログに設置しよう

① P.30～31を参考にGoogleアナリティクスにログインし、「グローバル サイトタグ」をコピーしてから、FC2ブログへログインし、「プラグインの設定」をクリックします1。

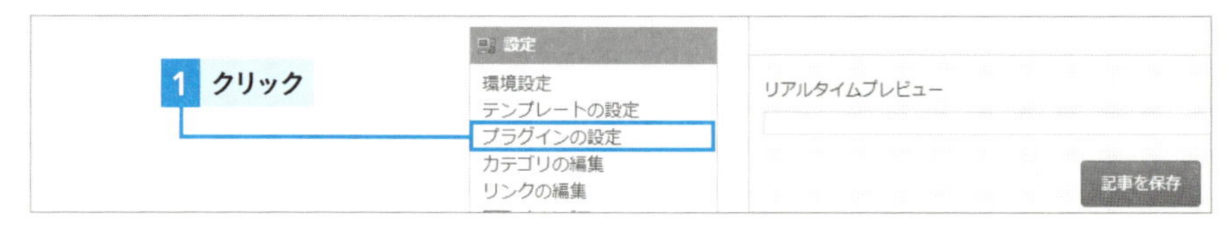

② 「公式プラグイン追加」をクリックします1。

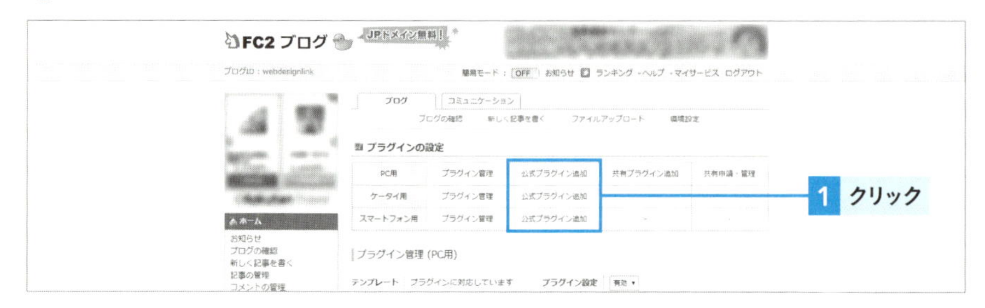

③ 画面が切り替わったらスクロールし「拡張プラグイン」欄の「フリーエリア」の「追加」をクリックします1。

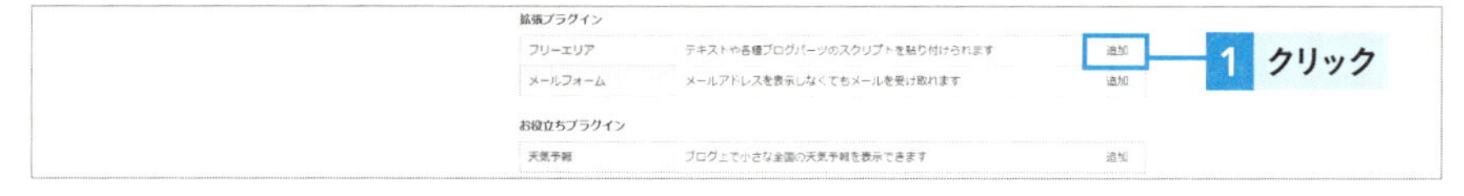

④ フリーエリアの編集画面が表示されます。「タイトル」を「アクセス解析」と書き換えます1。次に「フリーエリアの内容変更」に「グローバル サイトタグ」を貼り付け2、「追加」をクリックして完了です3。

はてなブログに設置しよう

① P.30〜31を参考にGoogleアナリティクスにログインし、「トラッキングID」をコピーしてから、はてなブログにログインし「設定」>「詳細設定」をクリックします**1**。

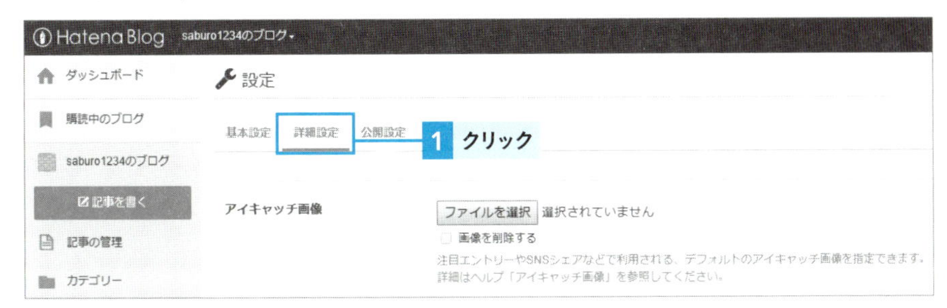

② 画面を下方向にスクロールします。「Google Analytics埋め込み」にトラッキングIDを貼り付けます**1**。

ヘッダとフッタ（PC版）

はてなブログProに登録するとご利用いただけます。はてなブログProについて詳しくはこちら

解析ツール

Google Analytics 埋め込み

トラッキング ID UA-10813

1 貼り付け

フィード用のパラメーター

フィードで配信するリンクにパラメーターを付加する

Google Search Console（旧 Google ウェブマスター ツール）

③ 画面を最下部までスクロールし「変更する」をクリックしたら完了です**1**。

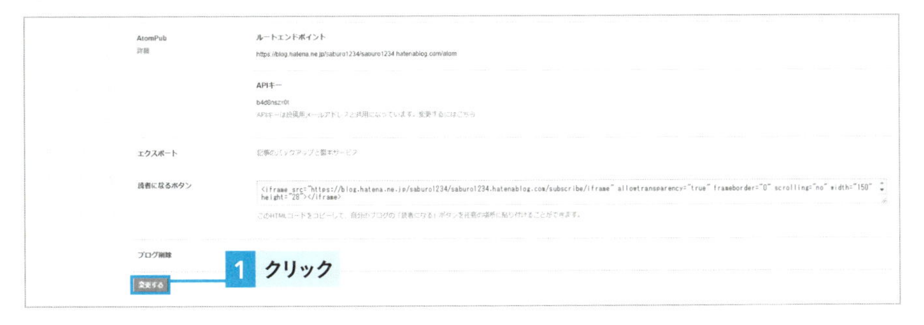

国内で提供されている無料ブログサービスには、あらかじめGoogleアナリティクスの設定画面を用意しているところが多くあります。「トラッキングID」のコピーさえ間違わなければ、簡単に設置できます。

Section 09

Googleアナリティクスをネットショップに設置しよう

Googleアナリティクスはネットショップのシステムにも設置することができます。各ショップシステムに設置してみましょう。

設置できるショップ・できないショップ

楽天、amazon、DeNAショッピングなどの大手モールは、Googleアナリティクスを設置することができないので、注意してください。国内でユーザー数の多い「ショップサーブ」「カラーミーショップ」「メイクショップ」「BASE」「STORES.JP」はGoogleアナリティクスを設置する機能があるので解説します。

ショップサーブに設置しよう

① ショップサーブの管理画面にログインし、「集客・運用」をクリックします 1。「外部アクセス解析ツール」>「アクセス集計タグ設定」をクリックし、ウェブプロパティIDにP.31の「トラッキングID」を貼り付けます 2。

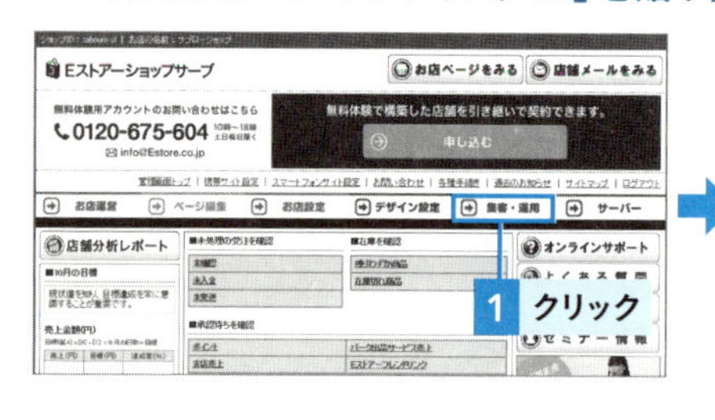

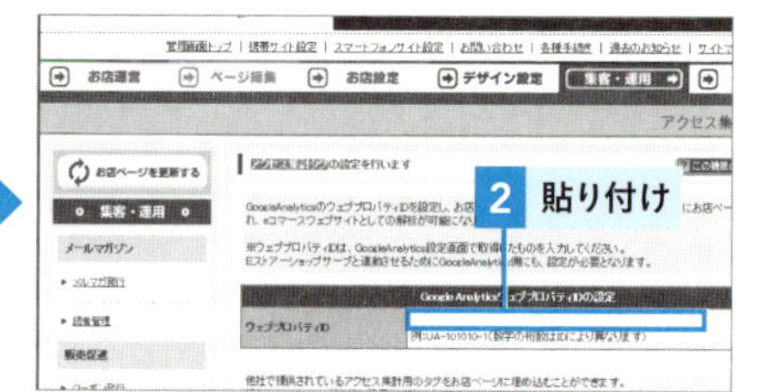

② 「設定を保存する」をクリックし 1、その後、管理画面左上の「お店ページを更新する」をクリックします 2。

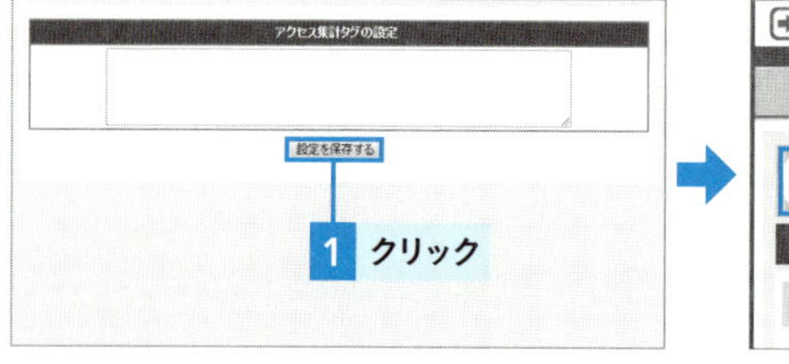

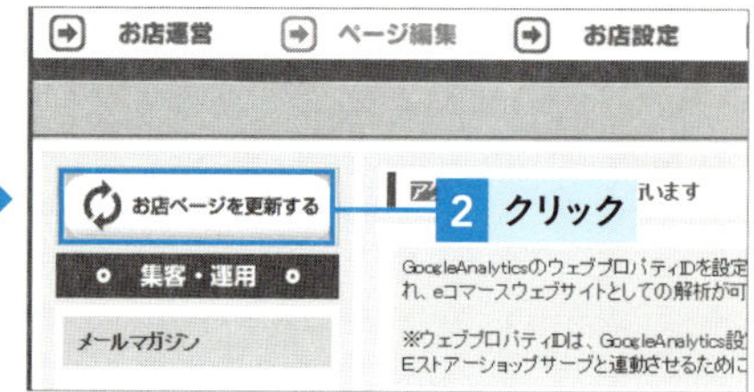

カラーミーショップに設置しよう

① カラーミーショップの管理画面にログインし、「ツール」>「コンバージョンタグ」をクリックします1。

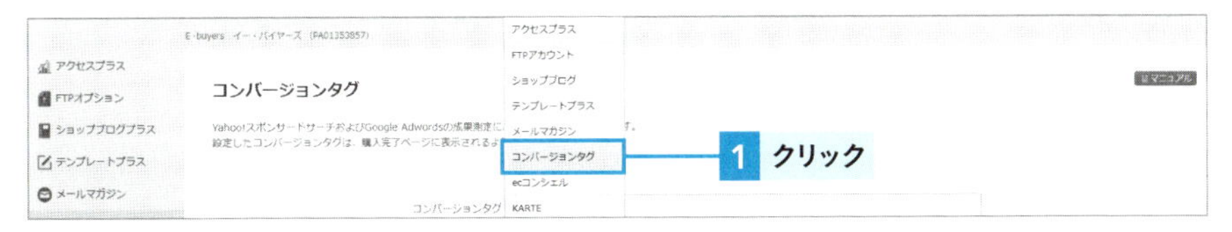

② 「Google Analyticseコマース」をクリックし1、表示された画面に「トラッキングID」を貼り付けます2。「登録ボタン」をクリックして完了です3。

メイクショップに設置しよう

① メイクショップの管理画面にログインし「プロモーション」>「タグの設定」>「アクセス解析用のタグの設定」をクリックします1。「Google Analytics（ユニバーサルアナリティクス）」の「使用する」をクリックし2、「Google Analytics（ユニバーサルアナリティクス）の設定eコマース対応」の設定PC用とモバイル用の「ウェブプロパティID」に「トラッキングID」を貼り付けます3。「保存」をクリックして完了です4。

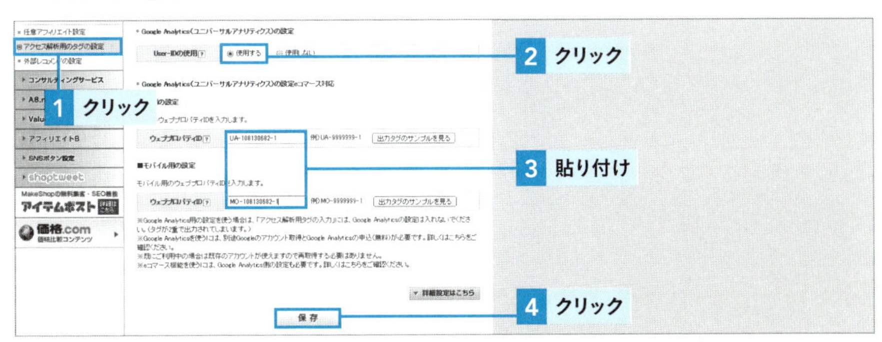

PC用とモバイル用は、最初のアルファベットが「UA」と「MO」が異なっています。それ以外の文字列は同じです。

BASEに設置しよう

① BASEの管理画面にログインし、「Apps」の「Google Analytics設定」の「無料」をクリックします1。

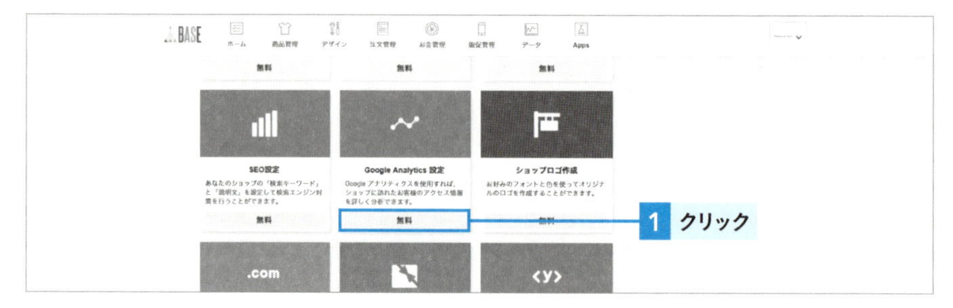

② 「インストール」をクリックします1。

③ 「Google AnalyticsのプロファイルID」の画面が表示されます。「トラッキングID」を貼り付け1、「保存する」をクリックします2。

STORES.jpに設置しよう

① STORES.jpの管理画面にログインし、「機能を追加」をクリックします 1 。

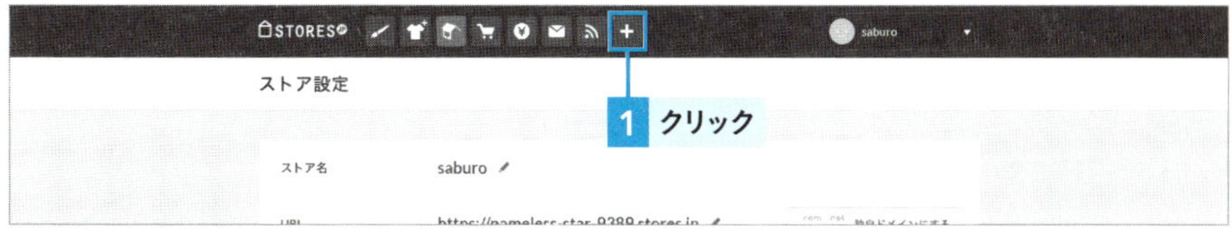

「STORES.JP」は有料の「プレミアム」プランにアップグレードすると、Googleアナリティクスの設置ができます。

② 画面をスクロールし、「Googleアナリティクス」の「OFF」をクリックして「ON」にします 1 。

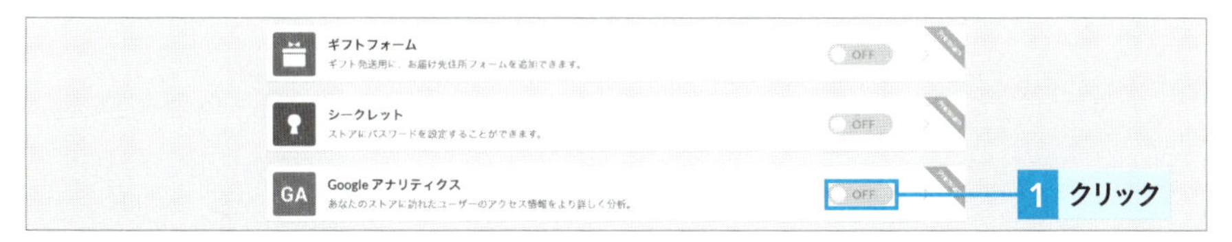

③「ストア設定」の画面にアクセスし、「Googleアナリティクス」の「設定する」をクリックします 1 。

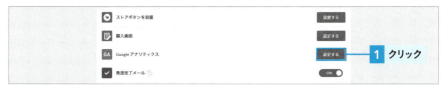

④「トラッキングID」を貼り付け 1 、「保存する」をクリックします 2 。

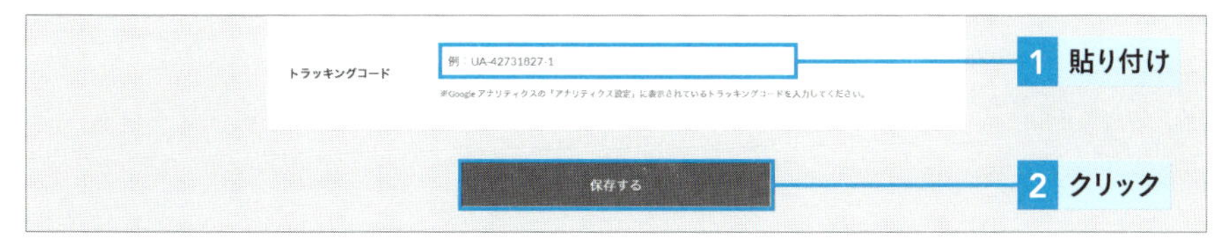

Googleアナリティクスを設置できるショップとできないショップがあります。設置できるショップについては、管理画面の中に専用の設置場所が用意されているので、スムーズに設置できるのではないでしょうか。本章に掲載されていないショップシステムを利用している場合は、運営元に設置できるかを確認してみてください。

Section 10 正しく設置できたかを確認しよう

Webサイトやブログなどに Googleアナリティクスを設置し終わったら、正しく動作するかを確認しましょう。

正しく設置できたかを確認する

Googleアナリティクスの設置が完了しても、すぐに解析が始まるわけではありません。設置後24時間を経過してから、確認するようにしましょう。

① Googleアナリティクスを設置したWebサイト（WordPress、ブログ、ネットショップなど）にアクセスします。

② Googleアナリティクスにログインし、サイドメニューの「ホーム」をクリックします 1 。

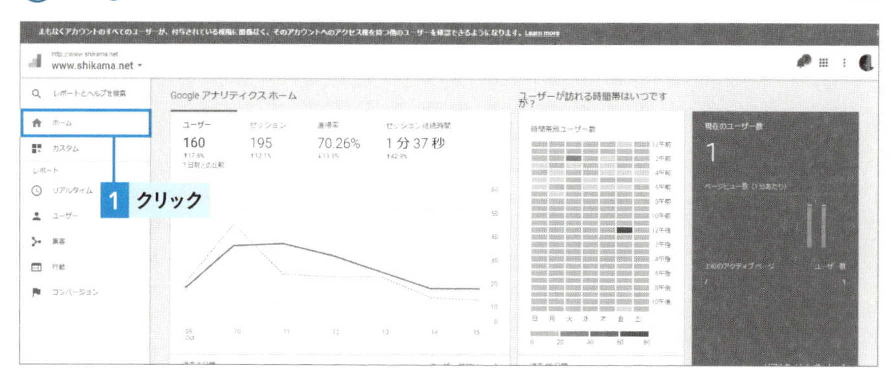

③「現在のユーザー数」を参照します。この数字が「1」以上になっていれば、Googleアナリティクスは正しく設置できています。

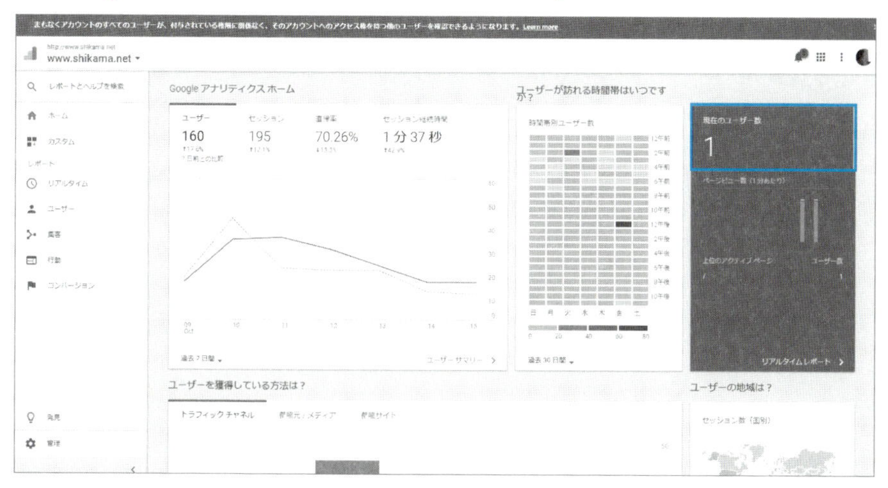

●現在のユーザー数が「0」のままの場合

もう一度、設置したWebサイトにアクセスしてみましょう。ブラウザの「再読み込み」ボタンをクリックしてみてください。

それでも、数字が変わらないようであれば、Googleアナリティクスが正しく設置できていない可能性があります。この場合、貼り付けているトラッキングIDを間違えていないか、再度手順を確認して、やり直してみてください。

「グローバルサイトタグ」を貼り付けている場合、タグの書き方が間違えていないか、消えている記号や文字がないかなどを確認する、あるいは再度、タグを貼り直してみてください。

Googleアナリティクスの「ホーム」>「現在のユーザー数」を閲覧することで、正しく設置できているかを確認することができます。ただし、設置後24時間経過してから、アクセスしてみてください。

Section 11

計測前にGoogleアナリティクスを設定しよう

Googleアナリティクスが正しく設置できていれば、いよいよ解析が開始します。そのままの状態でも分析はできますが、その前に少しだけチューンナップしておきましょう。

自分のアクセスを除外しよう

Webサイトを運営していると、管理者や更新担当者がWebサイトを訪問するケースが多くなります。数値を分析するときに、自分アクセス数が多くなると、有効な数値を確認できなくなるおそれがあります。そこで、本格的な解析をスタートする前に、自分のアクセスを対象から除外する設定をしておきます。

ここでは、Google Chromeのアドオン機能を使って自分のアクセスを除外する方法を解説します。

① Google Chromeを開いた状態で「Google アナリティクス オプトアウト アドオン」(https://tools.google.com/dlpage/gaoptout?hl=ja) にアクセスし、「Google アナリティクス オプトアウト アドオンをダウンロード」をクリックします 1 。

② 「CHROMEに追加」をクリックします **1**。

③ 「拡張機能を追加」をクリックします **1**。

④ 「Googleアナリティクス オプトアウト アドオン」がブラウザに追加されました。これで設定は完了です。

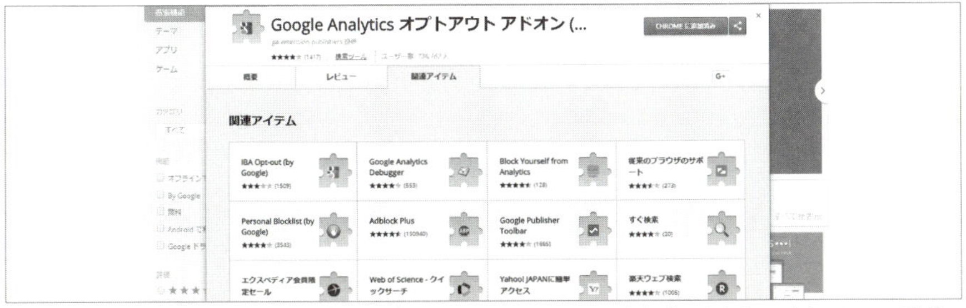

このプラグインは、パソコン版のブラウザのみ対応しています。スマートフォンやタブレットからのアクセスについては除外できないことを覚えておきましょう。

ユーザー属性を有効にしよう

ユーザー属性は、Webサイトへ訪問した人の「年齢」と「性別」を知ることができる機能ですが、Googleアナリティクスでは初期状態で、この機能が「無効」になっています。

Webサイトを解析する上で、訪問者の年齢層や性別の割合を知る必要がある場合は、あらかじめこの機能を「有効」にしておきましょう。

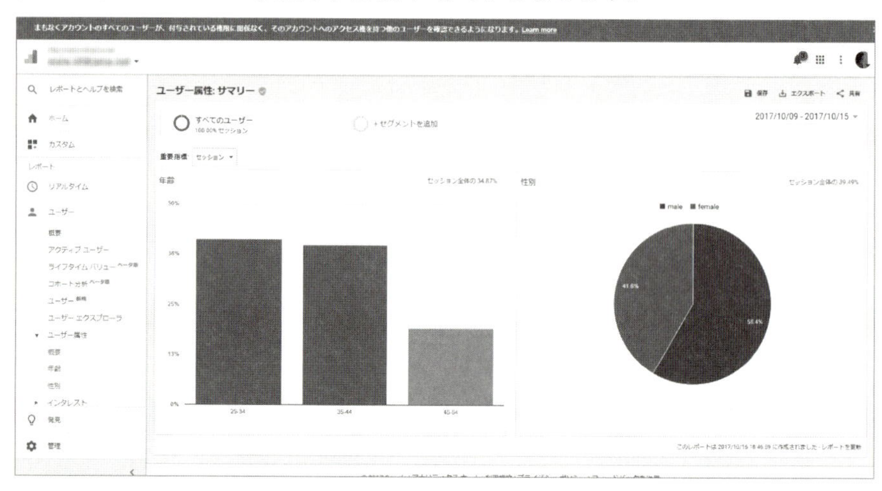

① Googleアナリティクスにログインします。

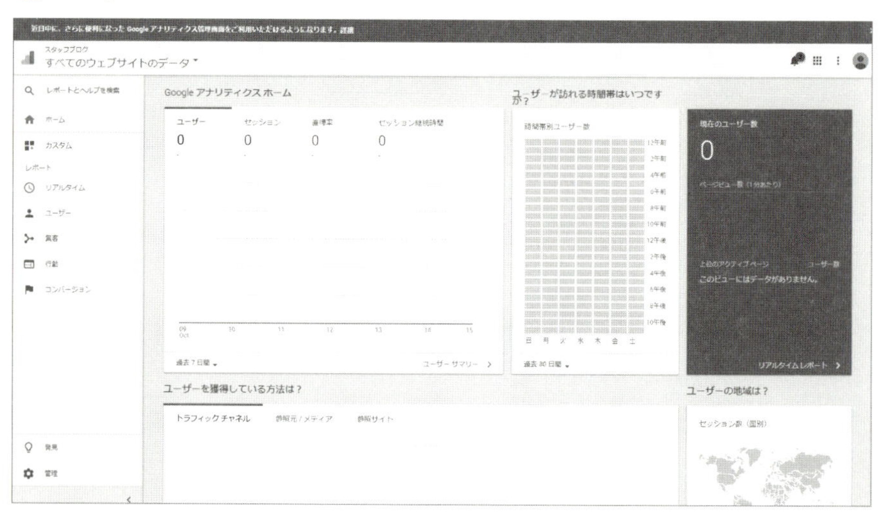

②「ユーザー」>「ユーザー属性」>「概要」をクリックします1。「有効化」をクリックします2。

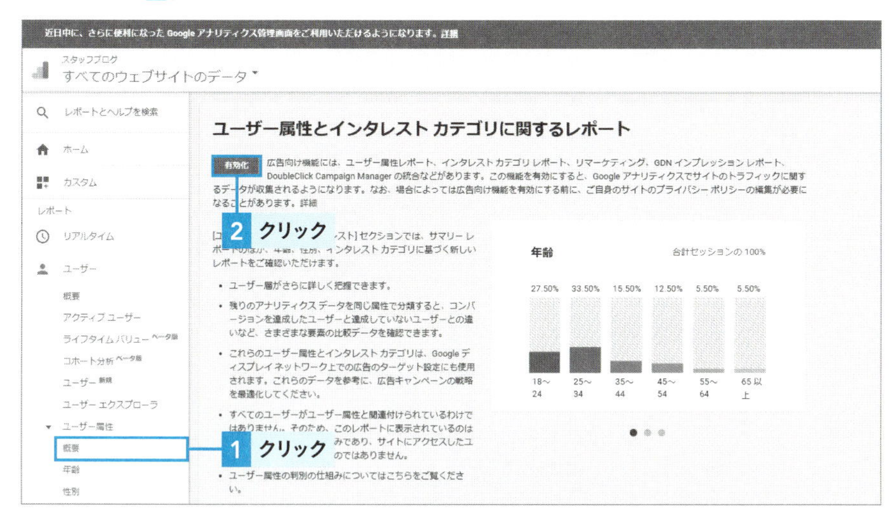

③完了画面が表示されます。これで設定は完了です。

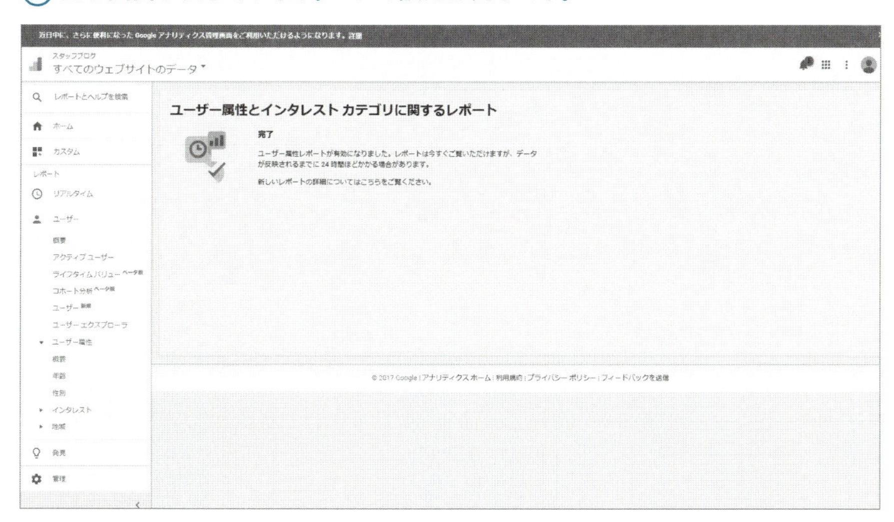

本格的に解析を始める前に準備しておきたいことを2つ解説しました。ユーザー属性の有効化は任意ですが、「自分のアクセスを除外する」については、あらかじめ設定しておくことをおすすめします。

用語を押さえれば理解が深まる！

「Webサイトを検証することの重要性はわかった。Googleアナリティクスも設置してみたし、画面も見てみた。でもやっぱりよくわからない」。

こんな声は少なくありません。

Googleアナリティクスを難しくしている要因の一つが「用語」ではないでしょうか。サマリー、セッション、セグメント、直帰率、離脱率、ディメンションなど、生活する上でほとんど使われない用語がたくさん並んでいます。いちいちネットで調べながら理解し、ようやっと分析にたどりつく……、大変ですよね。

特に押さえておきたいのは「セッション」です。

セッションは、訪問者がサイトに流入してから離脱するまでの一連の流れのことです。「訪問数」との違いは、操作がない状態で30分を経過すると、セッションが終了になるということです。30分以上無操作の状態で、再度同じ閲覧者がWebサイトを訪れた場合は、2セッションとなります。何度も出てきますので、まずはこの用語だけは覚えておきましょう。

セッション以外でも聞きなれない用語がいくつも出てきますが、本書には、巻末に用語集を付属しています。わからない言葉がでてきたら、すぐに確認しながら読み進めてください。

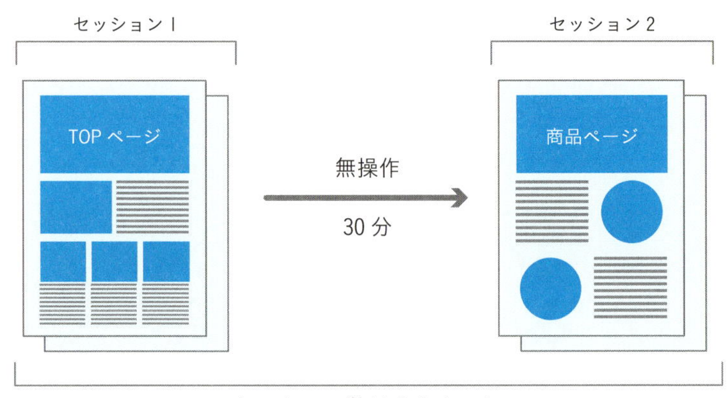

Chapter 3

Googleアナリティクスの基本的な使いかたを知ろう

ここではGoogleアナリティクスの
最初の画面について解説します！
しっかり把握しましょう。

Section 12 Googleアナリティクスの基本画面を知ろう

まずはGoogleアナリティクスの基本を知ることからスタートしましょう。この章では、Googleアナリティクスを利用するときに、一番最初に表示される画面について解説します。

Google アナリティクスの基本画面について

この章では、Googleアナリティクスで最初に表示される画面について、以下の順で説明していきます。

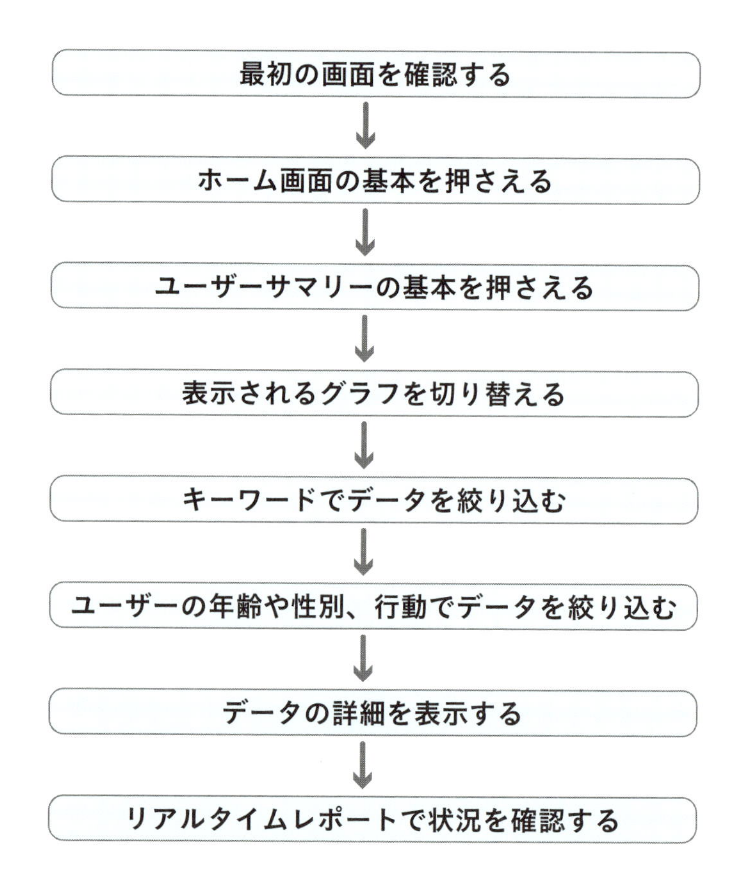

Googleアナリティクス基本画面のポイントを押さえておこう

Googleアナリティクスには、重要な指標をまとめて確認できる「ホーム」画面と、「リアルタイム」「ユーザー」「集客」「行動」「コンバージョン」の5つのレポート画面があります。これらは、サイドメニューで表示を切り替えることができ、それぞれ下の図のような役割を担っています。

Googleアナリティクスは無料にも関わらず、たくさんの機能が備わっています。しかし、このことがかえってわかりにくくしているという側面があります。すべての機能を覚えて使いこなす必要はありません。Webサイトを運営する上で、自サイトに必要な指標や機能を選択しながら使っていきます。

本書では主要な機能のみをピックアップして解説します。自サイトの運営状況に合わせて必要な機能を使ってください。

また指標をみるだけではなく、改善に繋がるヒントも合わせて掲載していますので、課題解決の参考にしてください。

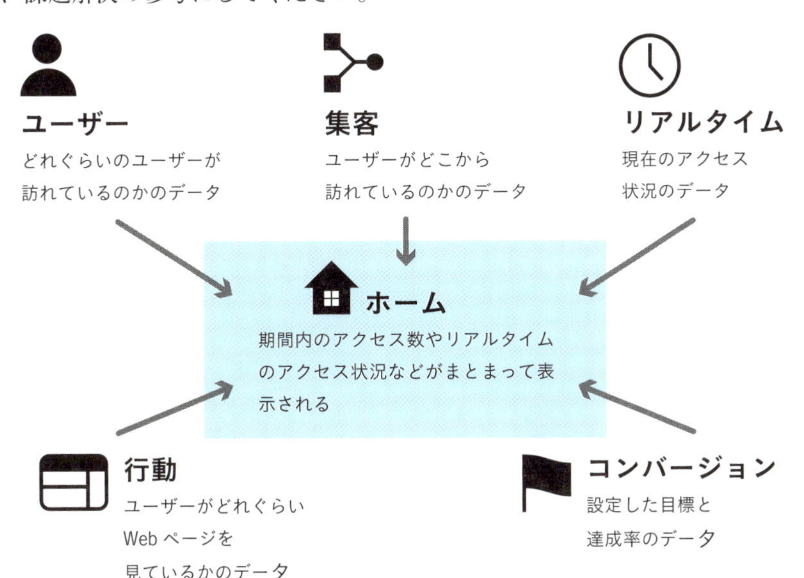

Googleアナリティクスには機能がたくさんあって難しく感じる人もいるかもしれません。しかし、実際に現場で使う場合には、必要な指標や機能を絞って解析をおこなっています。主要な機能を把握した後は、必要な画面だけ見るという流れで運用に活用しましょう。

Section 13

ホーム画面の見かたを確認しよう

Googleアナリティクスにログインし、最初に表示されるのが「ホーム」という画面です。まずは、どのような画面構成になっているかを押さえておきましょう。

ホーム画面を表示しよう

Googleアナリティクスへログインしたときに最初に表示される画面です。分析を始める前に、どのような画面の構成になっているかを解説します。

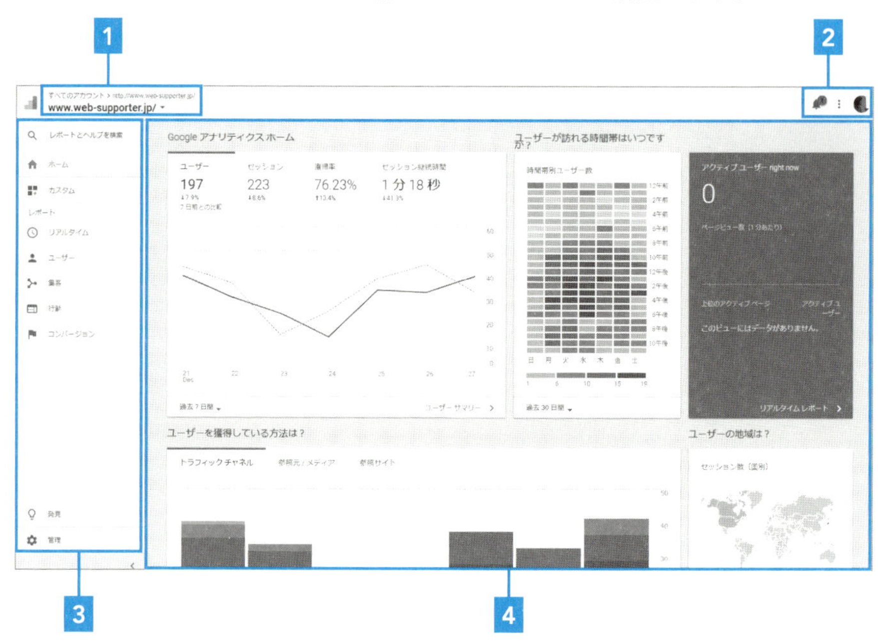

1 サイト名

Googleアナリティクスでは、複数のWebサイトを登録して解析することができます。現在解析中のページのURL（Webサイトのアドレス、ドメイン）が、この場所に表示されています。

2 通知や設定、ログイン者情報など

左から「通知」「アナリティクスアプリ」「オーバーフローメニュー」「Googleアカウント」の順に並んでいます。おもに確認したいのは「通知」です。Google側からお知らせがあったときには「通知」をクリックすると、詳細が表示されますので、このアイコンに数字が表示されていたら、確認してみましょう。

3 サイドメニュー

左のサイドメニューで「ユーザー」をクリックすると、メニューが折りたたまれた状態になります。Googleアナリティクスで重要になる4つの指標は、「ユーザー」「集客」「行動」「コンバージョン」です。

4 ホーム

Googleアナリティクスにログインすると、最初に表示される画面です。いろいろなデータが寄り集まって、1つの画面に掲載されています。

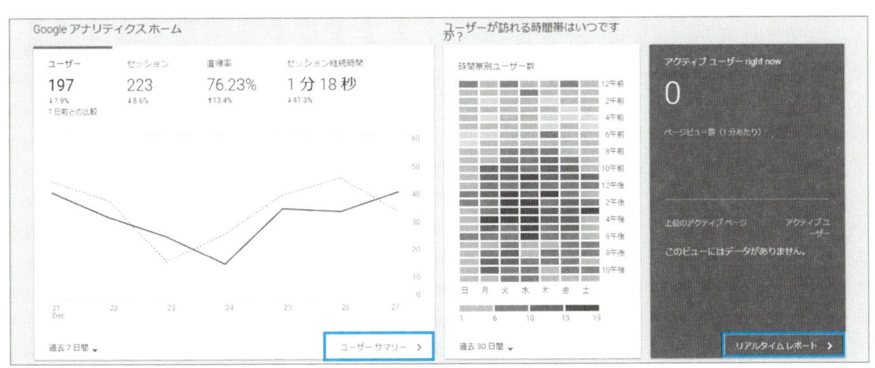

各項目の下方にリンクが貼られているものは、クリックすると詳細データへ移動します。

Googleアナリティクスにログインして最初に表示される「ホーム」画面では、いろいろなデータをまとめて一覧することができます。より詳細なデータが必要な場合は、「レポート」の各項目から確認します。

Section 14 ホーム画面の基本を押さえよう

Googleアナリティクスにログインすると一番最初に表示されるのが「ホーム」です。どんな機能があるのか、概要を押さえておきましょう。

ホーム画面の基本構成を知ろう

Googleアナリティクスへログインすると、表示されるのが「ホーム」です。いろいろなデータが寄り集まって、1つの画面に掲載され、各々が個別の詳細ページへ繋がっています。ここでは、押さえておきたいデータをピックアップして解説します。

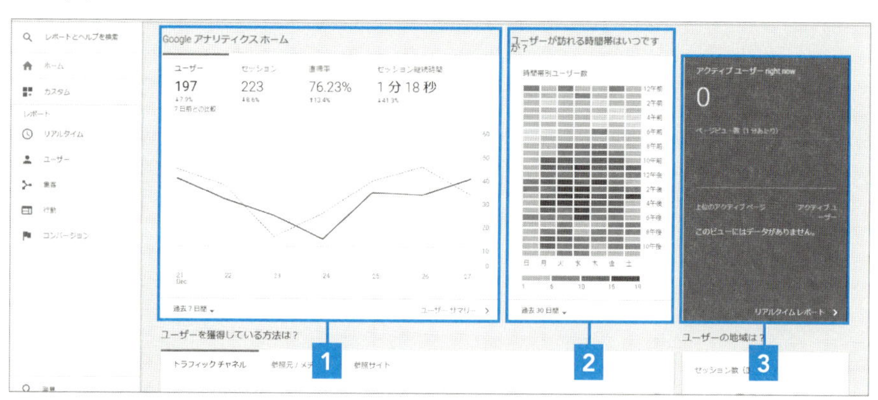

1 Googleアナリティクスホーム

Webサイトに訪問した人数や直帰率、セッション平均時間などのデータが表示されています。詳しい内容は、Sec.22やSec.30で解説しています。

2 ユーザーが訪れる時間帯はいつですか？

Webサイトの訪問者が、何曜日の何時に訪れているかがわかります。青の色が濃いほど、たくさん訪れています。

3 アクティブユーザー

今現在、何人のユーザーがWebサイトに訪問しているかがわかります。詳しい内容は、Sec.20で解説しています。

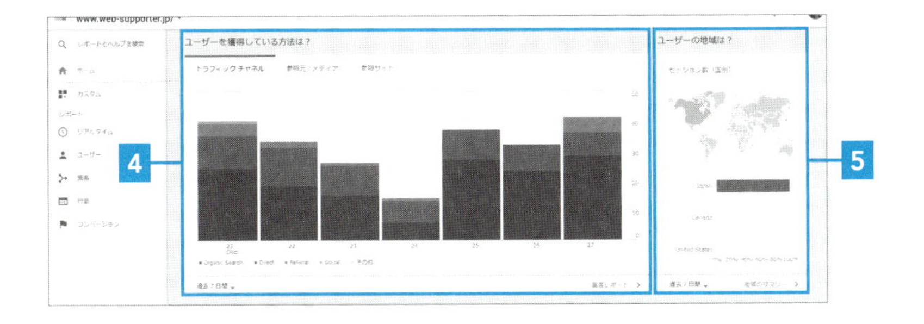

4 ユーザーを獲得している方法は？

検索やSNS、リンクなど、Webサイトへの訪問者がどこから来ているのかがわかります。詳しい内容は、Sec.26で解説しています。

5 ユーザーの地域は？

どこの国から訪問者が来ているかがわかります。詳しい内容は、Sec.25で解説しています。

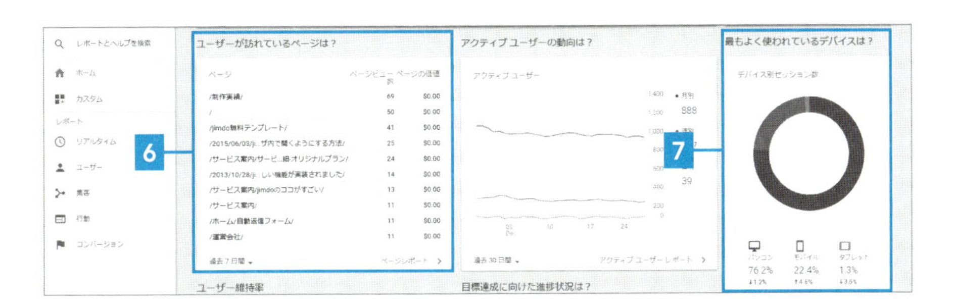

6 ユーザーが訪れているページは？

アクセスが多い、人気のあるページが一覧形式で表示されています。詳しい内容は、Sec.29で解説しています。

7 最もよく使われているデバイスは？

パソコン、スマートフォン、タブレットなど訪問者が使っている端末の割合がわかります。

まとめ

Googleアナリティクスで一番最初に表示される「ホーム」は、いろいろなデータが寄せ集まり、1つの画面に表示されているダイジェスト版のようなものです。Webサイトのアクセス状況をざっと把握するのに便利なページです。

Section 15 ユーザーサマリーの基本の指標を押さえよう

ユーザーサマリーの「ユーザー」はWebサイトへの訪問者、「サマリー」は概要の意味です。ここでは、ユーザーサマリーの画面で押さえておきたい用語や見方の基本について解説します。

ユーザーサマリーの基本用語と指標について知ろう

サイドメニューで、「ユーザー」>「概要」とクリックして表示されるのが、Webサイトへ訪問した人の概要をざっと把握できる「ユーザーサマリー」のページです。この画面では、日々のアクセス数や訪問者数などを数値で把握することができます。

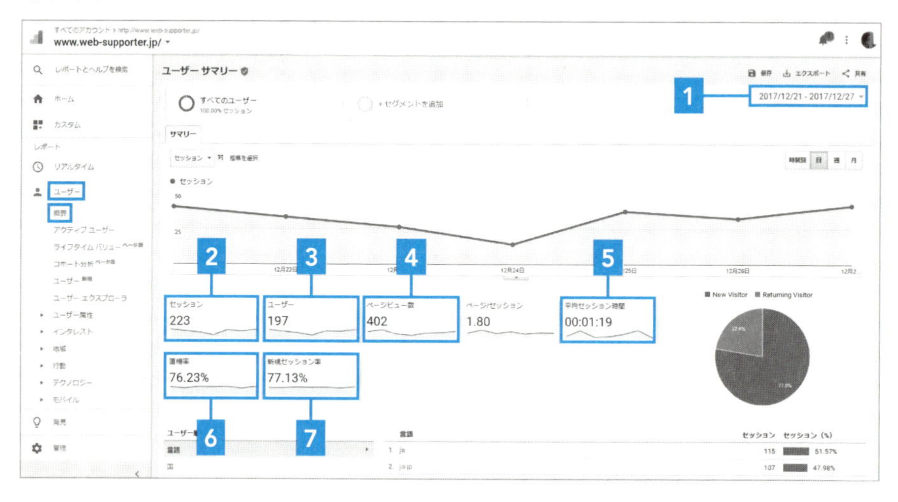

1 解析期間

ユーザーサマリー内に表示されている数値を集計している期間が表示されています。任意の期間に変更することができます（Sec.17参照）。

2 セッション

セッションは、ユーザーがサイトを訪問してから離脱するまでの流れを1つの単位にしたものです。訪問者が、WebページA⇒WebページC⇒WebページFと複数ページを閲覧した場合、1セッションとして集計されます。「◯人」と読み替えるとわかりやすいでしょう。
ただし、訪問者がWebサイトから離脱してから30分以上たって、また同じサイトに戻って来た場合、新たに1セッションとして集計されるので、同じ訪問者でも合計2セッションになります。

3 ユーザー

ユーザーは「訪問者数」です。セッションとの違いは、1日の中で、1人が何度訪問したとしても、それは「1」としてカウントされるということです。数値が多いほど、たくさんの人が訪問したことになります。こちらも「◯人」と読み替えるとわかりやすくなります。

4 ページビュー数

期間内に、Webサイト内で何ページ表示されたかを計測した数値です。1人の訪問者が5ページ分閲覧すれば、「5ページビュー」とカウントされます。それらを表示されている期間内に合計したものが「ページビュー数」として表示されています。数値が高いほど、多くのページが閲覧されたことになります。PV数と略されることもあります。

5 平均セッション時間

平均セッション時間とは、「平均滞在時間」とも呼ばれ、1ユーザーあたり、どのぐらいWebサイトに滞在したかを「時間」で表示した数値です。一般的に「数値が多いほどユーザーがWebサイトの内容に興味を持っている」と解釈されます。

6 直帰率

1ページだけ閲覧して離脱してしまったユーザー数です。2ページ以上閲覧したユーザー数はカウントされません。他の数値は「高い」方が好ましいとされていますが、直帰率は「低い」数値の方が、よいとされています。

7 新規セッション率

期間内に新しくWebサイトに訪問したユーザーの割合です。全セッションの中で、新規に訪問した数値が表示されています。数値は高ければよい、あるいは低ければよいということではなく、その時々の施策で読み取りかたは異なります。

ユーザー層と言語について知ろう

ユーザーサマリーの画面の下部では、「ユーザー層」や「言語」について確認できます。訪問者数やページビュー数などを確認したら、次は別の指標を見ていきましょう。

●ユーザー層

「言語」の項目には、更に「国」「市区町村」の項目があります。項目名をクリックすると、対応した指標が右側に表示されます。

「言語」を表示しています。

「国」を表示しています。

ユーザー層：言語／国／市区町村
システム：ブラウザ／オペレーティング システム／サービス プロバイダ
モバイル：オペレーティング システム／サービス プロバイダ

市区町村	セッション	セッション（%）
1. Osaka	22	9.87%
2. Yokohama	12	5.38%
3. Shinjuku	10	4.48%
4. Minato	10	4.48%
5. Sapporo	8	3.59%
6. Shibuya	8	3.59%
7. Nagoya	8	3.59%
8. Fukuoka	8	3.59%
9. Kawasaki	7	3.14%
10. Sendai	5	2.24%

「市区町村」を表示しています。

●システム

システムの項目ではユーザーが使用している「ブラウザ」「オペレーティングシステム」「サービスプロバイダ」について確認することができます。

「ブラウザ」を表示しています。

「オペレーションシステム」を表示しています。オペレーティングシステムは「OS」とも呼ばれ、「Windows」や「macOS」のようにパソコンを動かす大元のプログラムのことです。

サービス プロバイダ	セッション	セッション (%)
1. (not set)	57	25.56%
2. ntt communications corporation	32	14.35%
3. japan network information center	31	13.90%
4. ipv4 address block not managed by the ripe ncc	18	8.07%
5. kddi corporation	15	6.73%
6. sony network communications inc.	8	3.59%
7. arteria networks corporation	7	3.14%
8. ntt docomo inc.	7	3.14%
9. k-opticom corporation	6	2.69%
10. fujitsu limited	5	2.24%

「サービスプロバイダ」を表示しています。サービスプロバイダは、インターネットへ接続サービスを提供している会社のことです。どこの回線を使ってインターネットに接続しているかがわかります。

●モバイル

モバイルの項目には「オペレーティングシステム」「サービスプロバイダ」「画面の解像度」の項目があります。

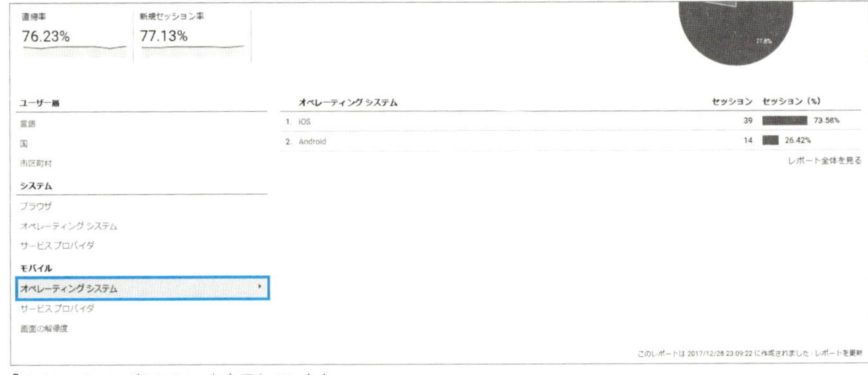

「オペレーティングシステム」を表示しています。

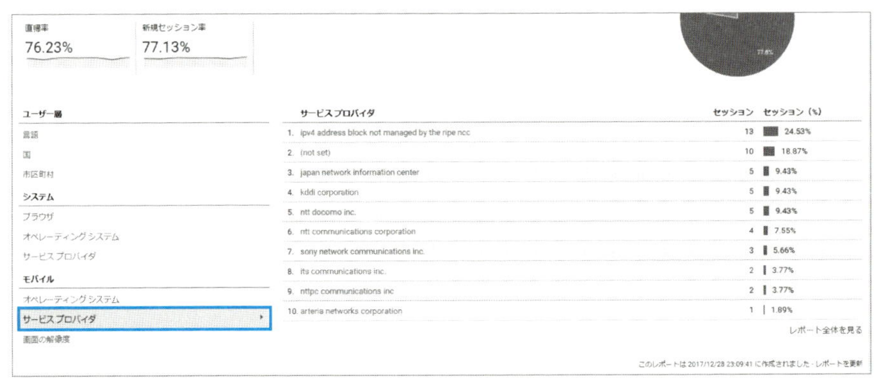

「サービスプロバイダ」を表示しています。

画面の解像度	セッション	セッション (%)
1. 375x667	21	39.62%
2. 414x736	11	20.75%
3. 360x640	8	15.09%
4. 320x568	3	5.66%
5. 534x854	2	3.77%
6. 768x1024	2	3.77%
7. 1024x600	1	1.89%
8. 1280x800	1	1.89%
9. 320x480	1	1.89%
10. 320x569	1	1.89%

「画面の解像度」を表示しています。

その他の画面表示方法を知ろう

ここまでは「ユーザーサマリー」内に表示されているエリアから、各詳細を確認できるリンクをクリックし表示させましたが、サイドメニューからも同じページを表示させることができるので、覚えておきましょう。

●サイドメニュー

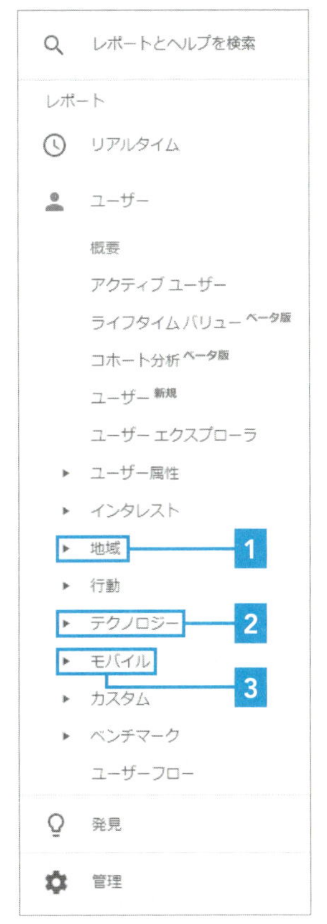

1 地域

「地域」をクリッククリックすると「言語」「地域」が表示されます。P.60で解説した項目と同じ画面です。

2 テクノロジー

「テクノロジー」をクリックすると、「ブラウザとOS」「ネットワーク」が表示されます。P.61で解説した項目と同じ画面です。

3 モバイル

「モバイル」をクリックすると、「概要」「デバイス」が表示されます。P.62で解説した項目と同じ画面です。

ユーザーサマリーでは、さまざまな角度から指標を確認することができます。地域密着のサービスを提供しているWebサイトでは、営業地域からユーザーが来ているか、あるいは海外向けのサービスを提供している場合には、その国から訪問者が来ているか、など目的に合わせて、閲覧する画面を取捨選択しましょう。

Section 16 表示されるグラフを切り替えよう

Googleアナリティクスのユーザーサマリー画面には、グラフを切り替える機能があります。ここでは円グラフや棒グラフに切り替える方法を解説します。

ユーザーサマリーのグラフをさまざまな形式に切り替えてみよう

ユーザーサマリーには、グラフを切り替える機能があります。Googleアナリティクスに設置されているさまざまな形式で表示させてみましょう。

① P.62の画面で、「レポート全体を見る」をクリックします 1 。

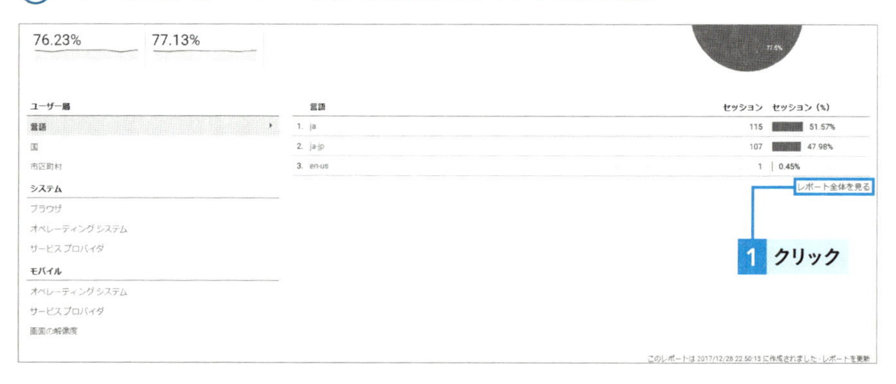

② 「言語」のレポート全体が表示されます。

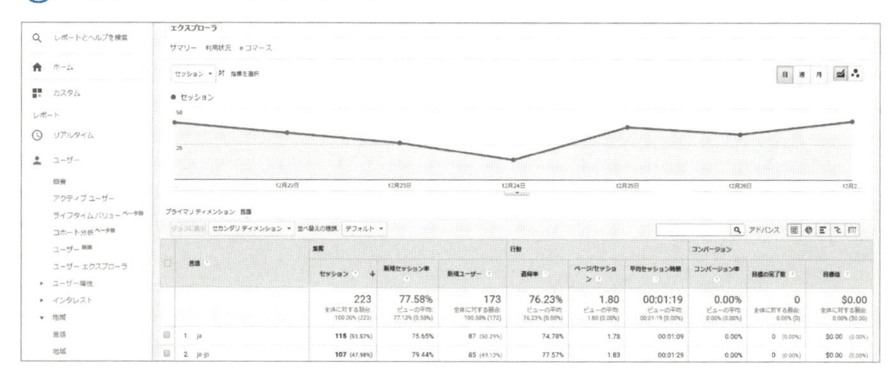

③「円グラフ」をクリックすると1、グラフの形式が円グラフに切り替わります。

④「棒グラフ」をクリックすると1、グラフの形式が棒グラフに切り替わります。

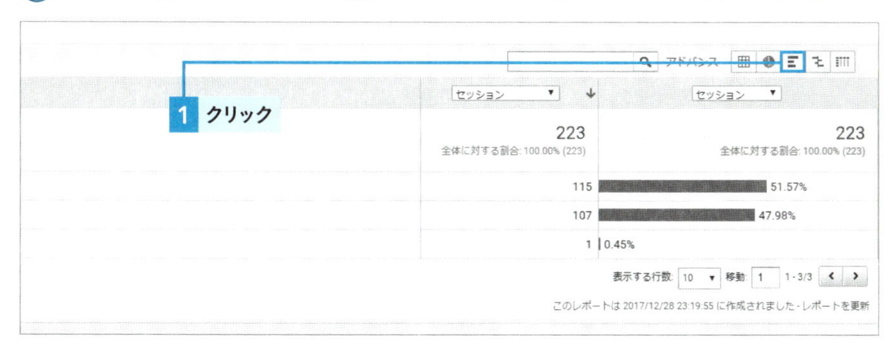

⑤「サイト平均と比較」をクリックすると1、平均との差異が棒グラフで表示されます。

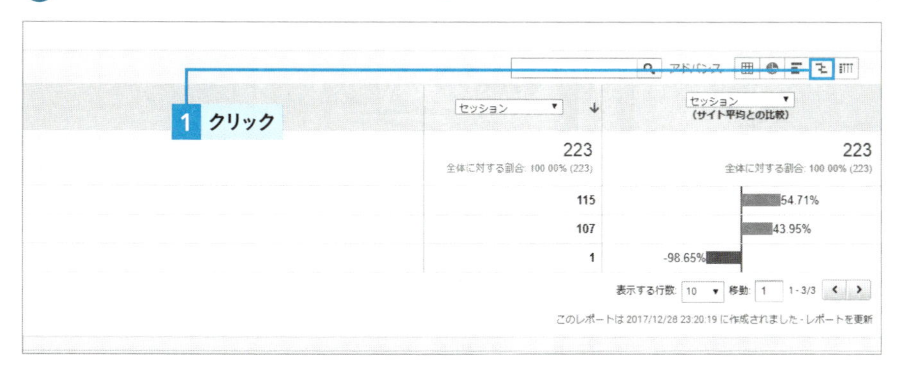

Googleアナリティクスでは、グラフのスタイルを変更して表示する機能があります。ここでは、ここでは円グラフや棒グラフなどへ変更する方法を解説しましたが、まずは自分で一番見やすいと思う表示方法を把握して活用してください。

Section 17 レポートに表示される期間を変更しよう

Googleアナリティクスでは、レポートに表示される期間を任意で変更することができます。過去7日間、過去30日間、あるいは指定した期間など、確認したい期間に合わせて設定しましょう。

レポートに表示される期間を変更しよう

レポートの表示は、通常7日間になっていますが、過去30日間、前月、あるいは任意の期間と、変更することが可能です。一般的には「過去30日間」で表示させることが多いですが、状況に応じて、キャンペーンをおこなった数日だけ見たい、あるいは1年前の数字を見たいというケースにも対応できます。

① 右上に表示されている「期間」をクリックします 1。

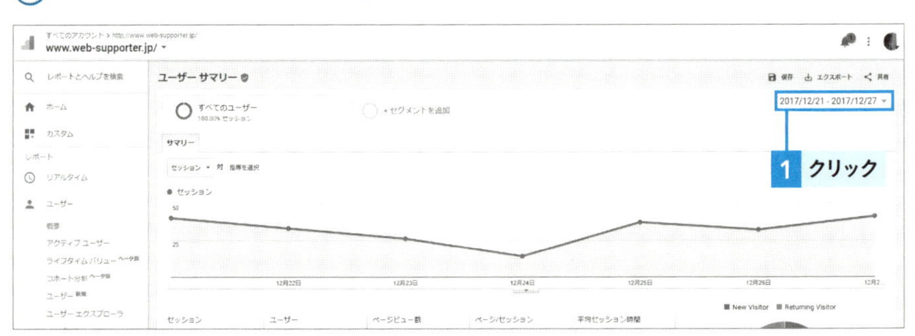

② 「カスタム」をクリックし 1、「過去30日間」をクリックして 2、「適用」をクリックします 3。

③ 解析期間が過去30日間に変更されました。

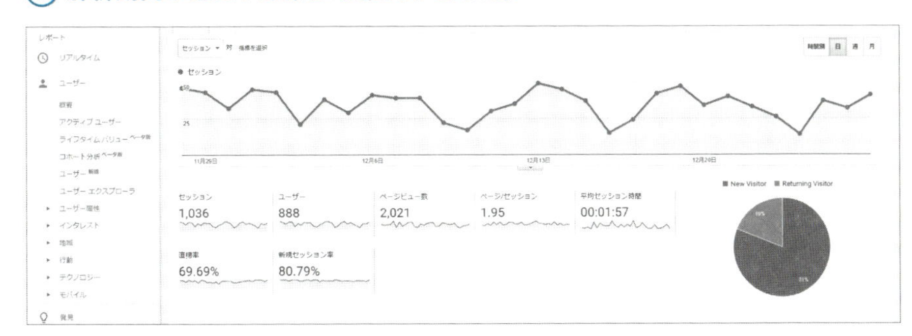

④ 任意の期間を設定する場合は、P.68手順② の画面で開始と終了の日付部分をクリックし1、カレンダーで日付をクリックして選択し2、<適用>をクリックします3。

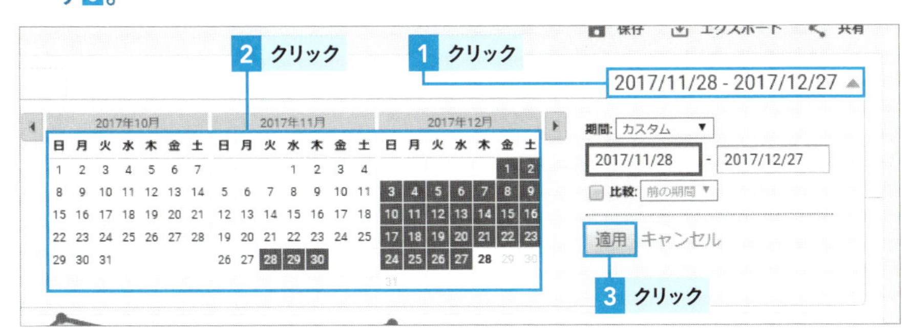

⑤ 任意の期間に設定されます。

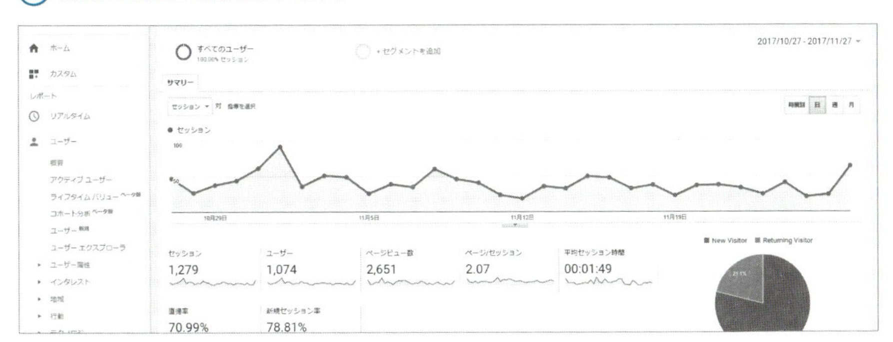

Googleアナリティクスの初期設定では「7日間」になっている解析期間ですが、任意の期間を設定できます。現在、取り組んでいる内容に合わせて、最適な期間を設定しましょう。最初は、「過去30日間」がおすすめです。

Section 18 ユーザーの年齢や性別、行動でデータを絞り込もう

Googleアナリティクスでは、訪問者の年齢や性別でデータを絞り込めるほか、新規かリピーターか、その割合も表示できます。ここでは、ユーザー属性の表示方法や画面の切り替え方法を確認しましょう。

ユーザー属性の設定を有効化しよう

訪問者の年齢や性別などを確認する「ユーザー属性」の機能を使うためには、事前に設定を「有効」にしておく必要があります。サイドメニューの「ユーザー属性」をクリックしたときに、次の画面が表示された場合は、「有効化」をクリックしましょう 1。

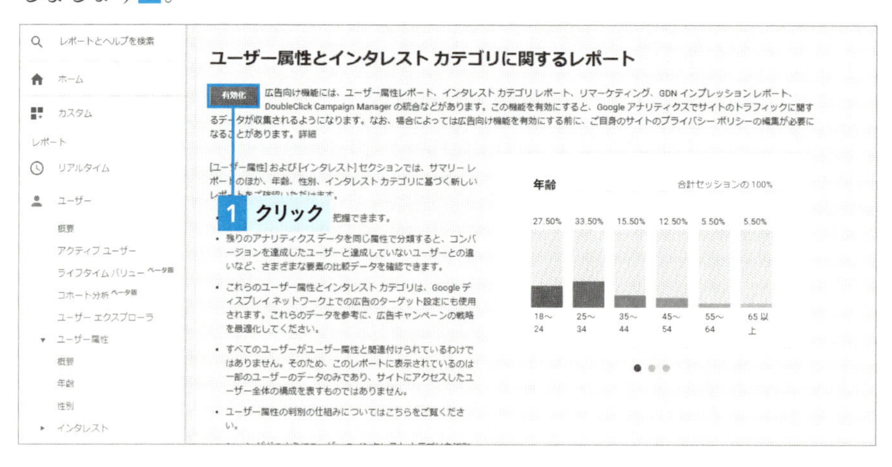

すべてのユーザーがユーザー属性と関連付けられているわけではありません。Googleアナリティクスに表示されるこのレポートは、一部のユーザーのデータのみであることを理解しておきましょう。

メモ 間をあけて確認を

ユーザー属性の設定を「有効」にして、すぐに解析結果が閲覧できるわけではありません。1週間から1カ月程度間をあけてから確認するようにしましょう。

ユーザー属性の見かたを知ろう

「ユーザー属性」では、「年齢」と「性別」に分けて、訪問者の割合や数値を確認できます。

以下は、ユーザー属性の概要を表示しています。それぞれ「割合」で表示されています。

maleは男性、femailは女性です。

もう少し数字を詳しく把握する場合は、<年齢><性別>をクリックします。

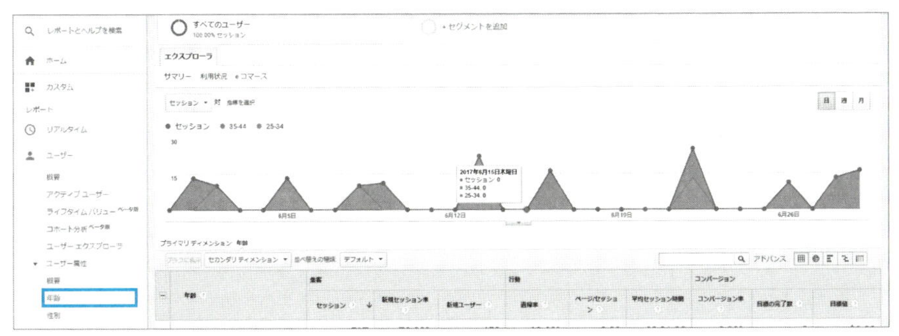

「年齢」を表示しています。

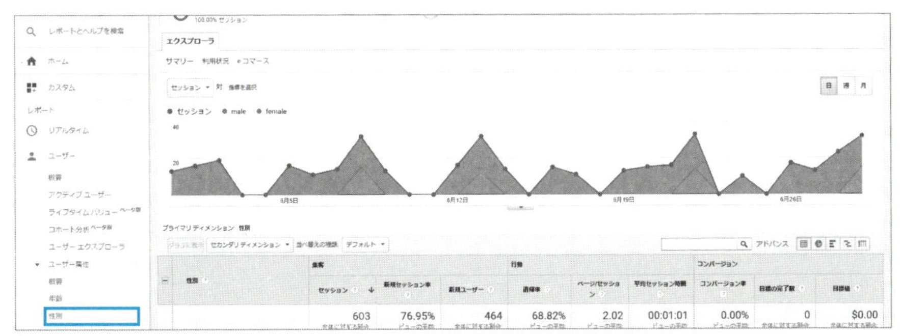

「性別」を表示しています。

さらに詳しいデータの見かたを知ろう

ここまでは年齢と性別ごとのデータ表示方法を解説しましたが、例えば「35～44歳のうち、女性は何％か」を知りたい場合、さらに詳細なデータを表示させて確認することができます。画面を切り替えてみましょう。

①「年齢」の画面（P.71参照）で「35-44」をクリックします 1 。

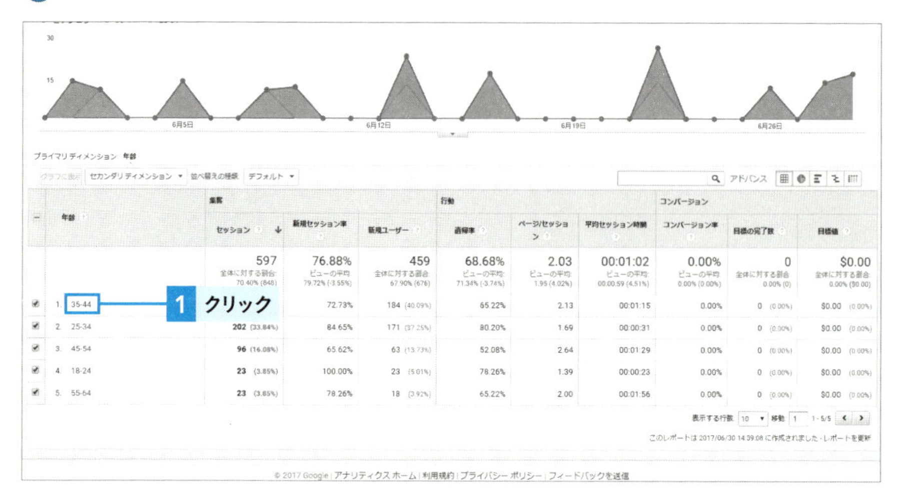

年齢	セッション	新規セッション率	新規ユーザー	直帰率	ページ/セッション	平均セッション時間	コンバージョン率	目標の完了数	目標値
	597 全体に対する割合: 70.40% (848)	76.88% ビューの平均: 79.72% (-3.55%)	459 全体に対する割合: 67.90% (676)	68.68% ビューの平均: 71.34% (-3.74%)	2.03 ビューの平均: 1.95 (4.02%)	00:01:02 ビューの平均: 00:00:59 (4.51%)	0.00% ビューの平均: 0.00% (0.00%)	0 全体に対する割合: 0.00% (0)	$0.00 全体に対する割合: 0.00% ($0.00)
1. 35-44		72.73%	184 (40.09%)	65.22%	2.13	00:01:15	0.00%	0 (0.00%)	$0.00 (0.00%)
2. 25-34	202 (33.84%)	84.65%	171 (37.25%)	80.20%	1.69	00:00:31	0.00%	0 (0.00%)	$0.00 (0.00%)
3. 45-54	96 (16.08%)	65.62%	63 (13.73%)	52.08%	2.64	00:01:29	0.00%	0 (0.00%)	$0.00 (0.00%)
4. 18-24	23 (3.85%)	100.00%	23 (5.01%)	78.26%	1.39	00:00:23	0.00%	0 (0.00%)	$0.00 (0.00%)
5. 55-64	23 (3.85%)	78.26%	18 (3.92%)	65.22%	2.00	00:01:56	0.00%	0 (0.00%)	$0.00 (0.00%)

②「35～44歳」の性別の割合が確認できます。

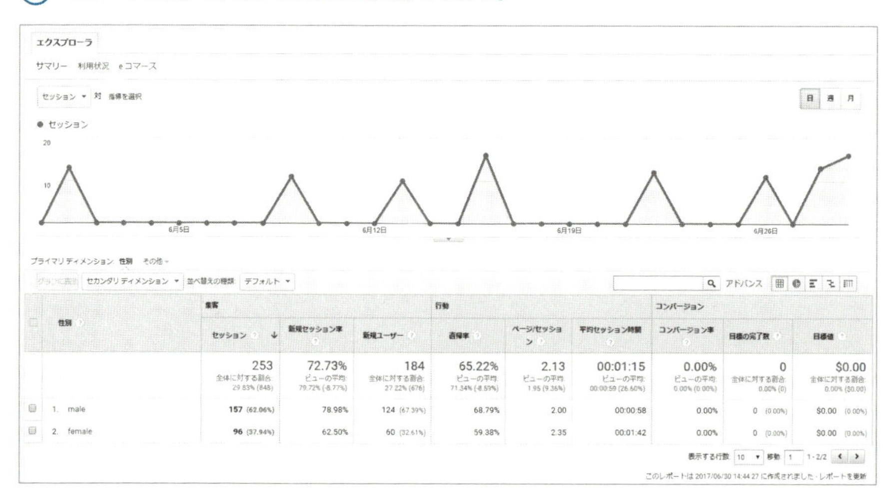

性別	セッション	新規セッション率	新規ユーザー	直帰率	ページ/セッション	平均セッション時間	コンバージョン率	目標の完了数	目標値
	253 全体に対する割合: 29.83% (848)	72.73% ビューの平均: 79.72% (-8.77%)	184 全体に対する割合: 27.22% (676)	65.22% ビューの平均: 71.34% (-8.59%)	2.13 ビューの平均: 1.95 (9.36%)	00:01:15 ビューの平均: 00:00:59 (26.60%)	0.00% ビューの平均: 0.00% (0.00%)	0 全体に対する割合: 0.00% (0)	$0.00 全体に対する割合: 0.00% ($0.00)
1. male	157 (62.06%)	78.98%	124 (67.39%)	68.79%	2.00	00:00:58	0.00%	0 (0.00%)	$0.00 (0.00%)
2. female	96 (37.94%)	62.50%	60 (32.61%)	59.38%	2.35	00:01:42	0.00%	0 (0.00%)	$0.00 (0.00%)

「セグメント」を使って項目ごとに分析してみよう

ユーザー属性の画面で「セグメント」を使うことで、項目ごとに分析することができます。「コンバージョンに至ったユーザー」「サイト内検索を実行したユーザー」「リピーター」「モバイルトラフィック（モバイル端末でアクセスしたユーザー）」など、必要に応じて「セグメントへ追加」します。

①「概要」の画面（P.71参照）で「セグメントを追加」をクリックします 1 。

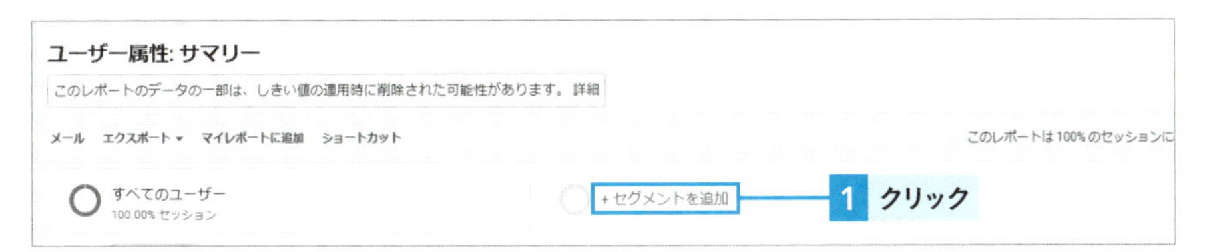

②表示された一覧から必要な項目を選択し 1 、<適用>をクリックします 2 。

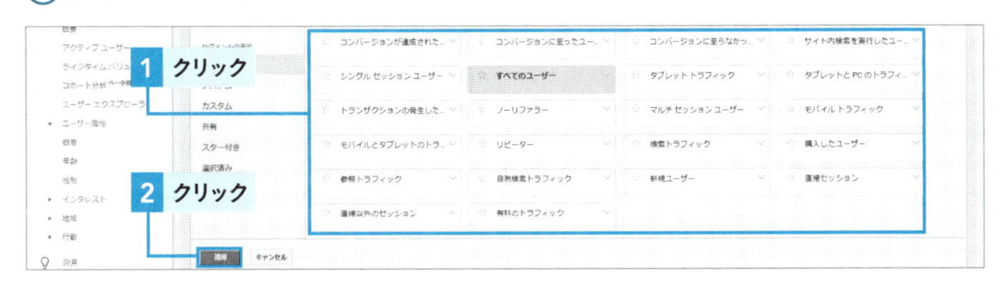

③セグメントで追加した項目ごとにグラフが表示されます。ここでは、「自然検索トラフィック」「モバイルトラフィック」「リピーター」を追加しています。

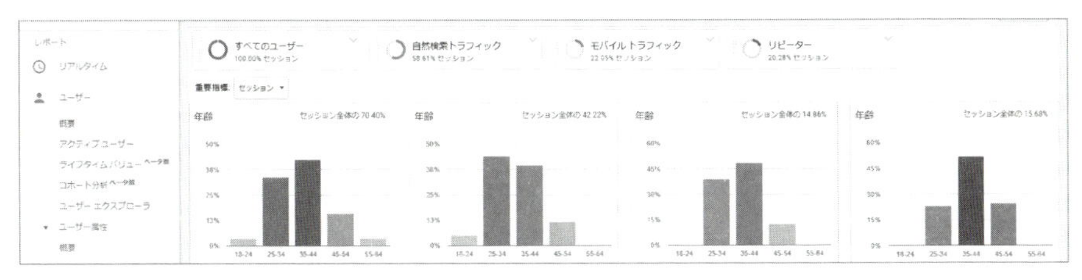

ユーザー属性の表示は、あらかじめ「有効化」しておく必要があることを覚えておきましょう。年齢、性別ごとの割合が確認できるほか、「セグメント」を使うことで、さらに詳しく分析できます。訪問者の属性が、狙い通りになっているかをチェックします。

Section 19

データを詳細に表示しよう

さまざまなデータを表示させる中で、「Aという項目のBという数値を知りたい」というケースも出てくるでしょう。ここでは、そうしたデータの表示方法を解説します。

プライマリディメンションとセカンダリディメンション

「モバイルの中で、Safari（iPhoneに実装されているブラウザ）を使っているユーザー数はどのぐらいなのか？」を知りたい場合、「モバイル」が項目名であり、次の「safariを使っているユーザー数」がデータの詳細です。Googleアナリティクスでは、この項目名を「プライマリディメンション」、データの詳細が「セカンダリディメンション」と呼んでいます。
セカンダリディメンションを活用するケースとしては、

・iPhoneを使用しているユーザーのOSのバージョンを知りたい
・大阪からアクセスしているユーザーの「25-34」歳の割合を知りたい
・リピーターの性別の割合を知りたい
・ページごとの直帰率を知りたい
・ページごとの流入元（リンク元）を知りたい

などがあります。
第4章の内容にも適用できる方法なので、覚えておきましょう。

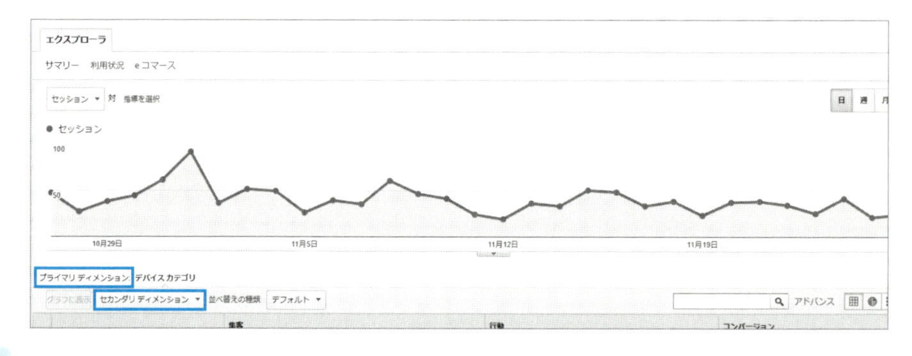

セカンダリディメンションを使って詳細データを表示してみよう

セカンダリディメンションは、Googleアナリティクスで表示できるほとんどの画面で使用できます。ここでは、「大阪からアクセスしている25-34歳の割合を知る」を例に、セカンダリディメンションの見方を解説します。

① サイドメニューの「ユーザー」をクリックして1、「地域」>「地域」をクリックします2〜3。

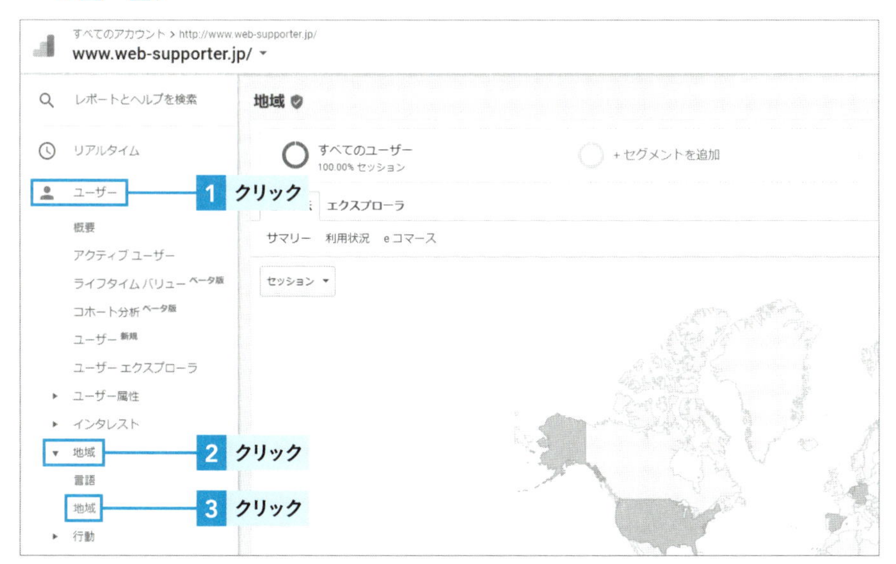

② 画面を下方向にスクロールし、国別の一覧表で、「Japan」をクリックします1。

プライマリ ディメンション: 国 市区町村 大陸 亜大陸

セカンダリ ディメンション ▼ アドバンス

1 クリック

国	集客			行動			コンバージョン		
	セッション	新規セッション率	新規ユーザー	直帰率	ページ/セッション	平均セッション時間	コンバージョン率	目標の完了数	目標値
	1,279 全体に対する割合: 100.00% (1,279)	78.89% ビューの平均: 78.81% (0.10%)	1,009 全体に対する割合: 100.10% (1,008)	70.99% ビューの平均: 70.99% (0.00%)	2.07 ビューの平均: 2.07 (0.00%)	00:01:49 ビューの平均: 00:01:49 (0.00%)	0.00% ビューの平均: 0.00% (0.00%)	0 全体に対する割合: 0.00% (0)	$0.00 全体に対する割合: 0.00% ($0.00)
1. Japan	1,261 (98.59%)	78.75%	993 (98.41%)	70.90%	2.08	00:01:50	0.00%	0 (0.00%)	$0.00 (0.00%)
2. Germany	4 (0.31%)	75.00%	3 (0.30%)	75.00%	1.25	00:00:50	0.00%	0 (0.00%)	$0.00 (0.00%)
3. United States	4 (0.31%)	100.00%	4 (0.40%)	75.00%	2.75	00:03:26	0.00%	0 (0.00%)	$0.00 (0.00%)
4. China	3 (0.23%)	100.00%	3 (0.30%)	100.00%	1.00	00:00:00	0.00%	0 (0.00%)	$0.00 (0.00%)
5. Netherlands	2 (0.16%)	100.00%	2 (0.20%)	50.00%	2.00	00:00:05	0.00%	0 (0.00%)	$0.00 (0.00%)
6. Philippines	2 (0.16%)	50.00%	1 (0.10%)	50.00%	1.50	00:00:13	0.00%	0 (0.00%)	$0.00 (0.00%)
7. Australia	1 (0.08%)	100.00%	1 (0.10%)	100.00%	1.00	00:00:00	0.00%	0 (0.00%)	$0.00 (0.00%)
8. Spain	1 (0.08%)	100.00%	1 (0.10%)	100.00%	1.00	00:00:00	0.00%	0 (0.00%)	$0.00 (0.00%)
9. Sri Lanka	1 (0.08%)	100.00%	1 (0.10%)	100.00%	1.00	00:00:00	0.00%	0 (0.00%)	$0.00 (0.00%)

表示する行数: 10 移動: 1 1 - 9/9

このレポートは 2017/12/28 23:42:08 に作成されました - レポートを更新

解析結果によっては必ずしも「Japan」があるとは限りません。その場合、Japan以外をクリックして確認してください。

③ スクロールすると、都道府県ごとの一覧が表示されます。画面上の「セカンダリディメンション」をクリックします 1 。

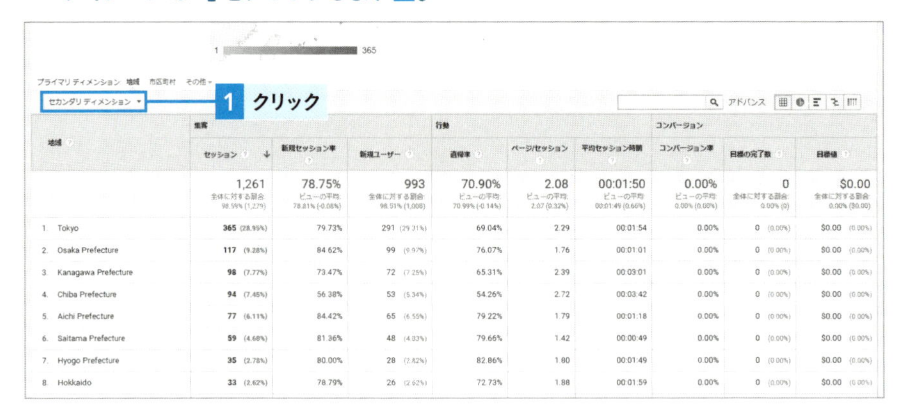

④ プルダウンメニューから「ユーザー」をクリックし 1 、スクロールします。「年齢」をクリックします 2 。

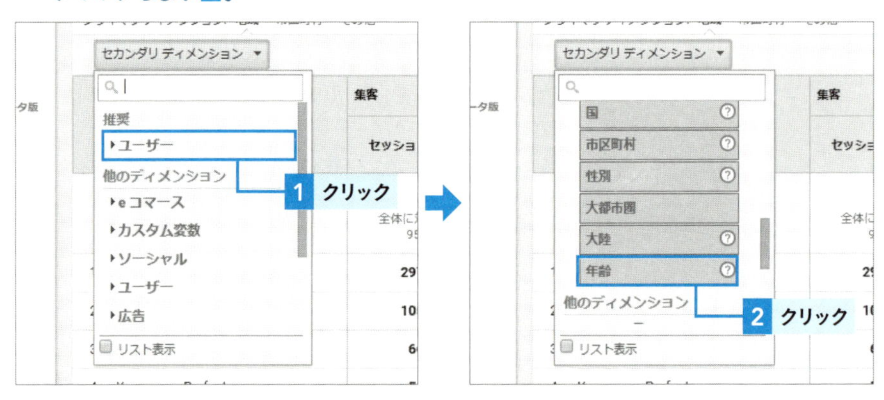

⑤ 詳細が表示されます。この画面では、大阪からアクセスしている「25-34」歳のユーザーが20人で5.60%であることがわかります。

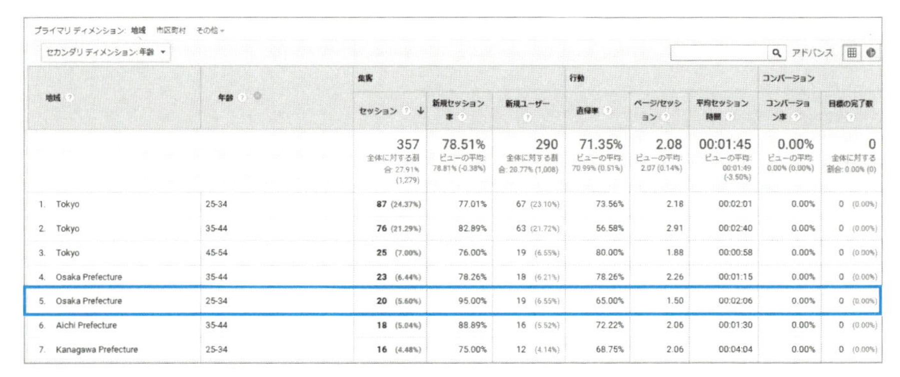

他のデータも詳細表示してみよう

今度は「モバイル端末からアクセスしている女性の割合」を調べてみましょう。

① サイドメニューの「ユーザー」>「モバイル」>「概要」をクリックします 1。

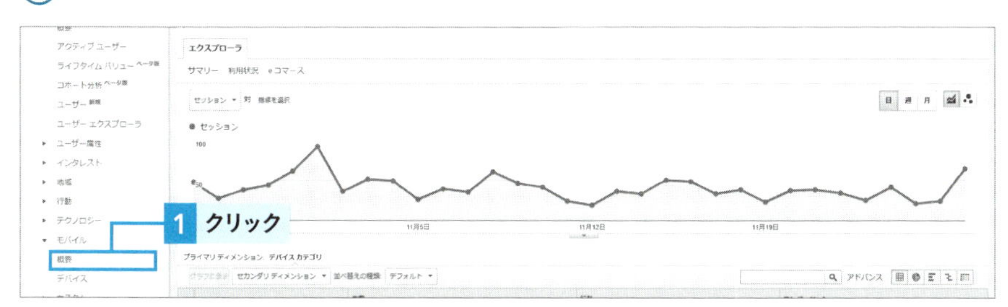

② 「セカンダリディメンション」をクリックし「ユーザー」>「性別」をクリックします 1。

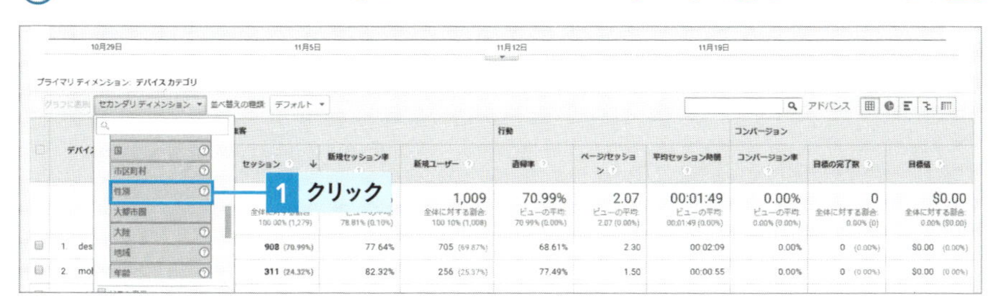

③ 詳細データが表示されました。ここでは、モバイルを使用している女性が82人で10.62%であることがわかります。

	デバイス カテゴリ	性別	集客 セッション	新規セッション率	新規ユーザー	行動 直帰率	ページ/セッション	平均セッション時間	コンバージョン コンバージョン率	目標の完了数	目標値
			772 全体に対する割合: 60.36% (1,279)	78.76% ビューの平均: 78.81% (-0.07%)	608 全体に対する割合: 60.32% (1,008)	71.24% ビューの平均: 70.99% (0.35%)	2.07 ビューの平均: 2.07 (-0.26%)	00:01:44 ビューの平均: 00:01:49 (-4.38%)	0.00% ビューの平均: 0.00% (0.00%)	0 全体に対する割合: 0.00% (0)	$0.00 全体に対する割合: 0.00% ($0.00)
1.	desktop	male	355 (45.98%)	76.90%	273 (44.90%)	71.27%	2.15	00:01:58	0.00%	0 (0.00%)	$0.00 (0.00%)
2.	desktop	female	243 (31.48%)	77.78%	189 (31.09%)	68.31%	2.31	00:01:44	0.00%	0 (0.00%)	$0.00 (0.00%)
3.	mobile	female	82 (10.62%)	85.37%	70 (11.51%)	78.05%	1.43	00:00:50	0.00%	0 (0.00%)	$0.00 (0.00%)
4.	mobile	male	61 (7.90%)	86.89%	53 (8.72%)	77.05%	1.57	00:01:35	0.00%	0 (0.00%)	$0.00 (0.00%)
5.	tablet	male	16 (2.07%)	62.50%	10 (1.64%)	68.75%	1.56	00:02:20	0.00%	0 (0.00%)	$0.00 (0.00%)

まとめ

「セカンダリディメンション」を使うことで、1つの項目からより詳細なデータを表示することができます。ここでは2つの例で解説しましたが、第3章以降で解説する画面のほとんどで、セカンダリディメンションを使うことができることを、覚えておきましょう。

Section 20 リアルタイムレポートで状況を確認しよう

Googleアナリティクスの「リアルタイム」では、訪問者数やどのページにアクセスされているかなどを、リアルタイムに表示することができます。

リアルタイムレポートについて知ろう

通常、Googleアナリティクスのサマリーは、ある程度の日数を設定して表示しますが、サイドメニューの「リアルタイム」の項目では、今この瞬間に、何人アクセスしているか、どのページがよく閲覧されているか、どの地域からユーザーがWebサイトに訪れているかを把握することができます。

また、GoogleアナリティクスのトラッキングIDを設置した直後、動作確認に使用します。

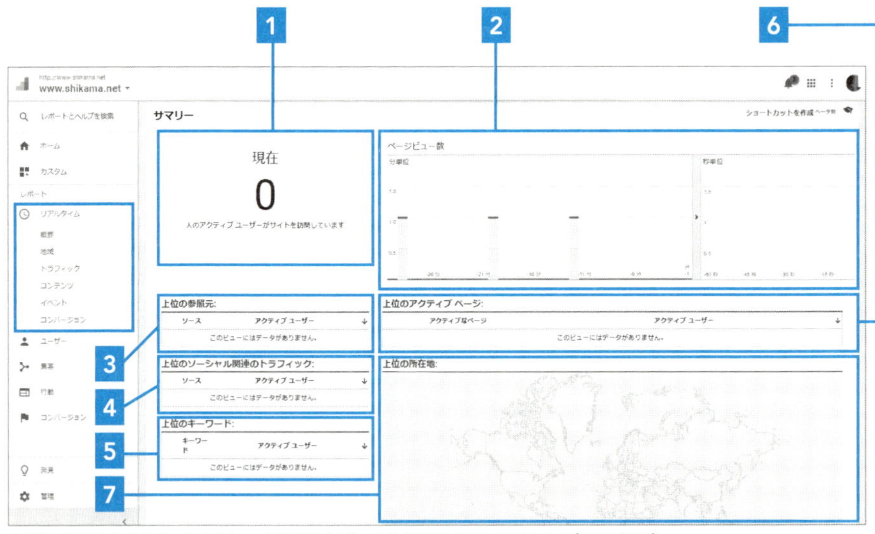

右側の各項目名をクリックすると、より詳細なデータを閲覧することができます(P.79参照)。

1 現在のアクティブユーザー数

現在、Webサイトに訪問している人数が表示されます。パソコンや携帯電話など、アクセスしている端末も表示されます。

2 ページビュー数

分単位、秒単位でのページビュー数がグラフで表示されます。左のグラフは5分ごと、右のグラフは15秒ごとのページビュー数になっています。

3 上位の参照元

どのページから、自サイトへ訪問者が来ているのか、流入ルートがわかります。キャンペーンなどを開催する場合、プロモーション先（広告やリンク元）から訪問者が来ているかなどをチェックします。

4 上位のソーシャル関連のトラフィック

SNS経由で訪問者が来ているかをチェックできます。新しい記事をアップして、SNSにシェアしたときなどの確認し使用します。

5 上位のキーワード

検索エンジン経由のアクセス状況を確認することができます。メディアに取り上げられた商品やサービスと関連するページが自サイトにある場合、急激にこの数値が増えることがあります。

6 上位のアクティブなページ

どのページにアクセスが来ているかを確認できます。キャンペーンを開催しているページや、SNSでシェアしたページに訪問者が来ているかなどを確認します。

7 上位の所在地

どの地域から訪問者が来ているかがわかります。特定地域に向けて情報発信をしている場合、意図した地域から訪問者が来ているかをチェックします。

「リアルタイムレポート」は、瞬間のアクセス状況について知ることができる画面です。キャンペーン開催時やSNSにシェアした時の訪問状況をチェックするときに活用しましょう。

グラフの切り替えは他の画面でもできる

Googleアナリティクスでは、項目ごとにグラフを切り替えて表示することができます。本文では、ユーザーサマリーの「ユーザー層」にある「言語」のレポートに表示されるグラフの切り替えを紹介しましたが(Sec.15参照)、同じ「ユーザー層」の「国」や「市区町村」、「システム」や「モバイル」の他の項目に関しても、表示を切り替えることができます。

ブラウザ	セッション ↓	セッション	全体に対する割合: セッション
	1,199 全体に対する割合: 100.00% (1,199)	1,199 全体に対する割合: 100.00% (1,199)	
1. Chrome	493	41.12%	
2. Internet Explorer	259	21.60%	
3. Safari	238	19.85%	
4. Edge	106	8.84%	
5. Firefox	58	4.84%	
6. Safari (in-app)	24	2.00%	
7. Android Webview	13	1.08%	

「円グラフ」表示

ブラウザ	セッション ↓	セッション
	1,199 全体に対する割合: 100.00% (1,199)	1,199 全体に対する割合: 100.00% (1,199)
1. Chrome	493	41.12%
2. Internet Explorer	259	21.60%
3. Safari	238	19.85%
4. Edge	106	8.84%
5. Firefox	58	4.84%
6. Safari (in-app)	24	2.00%
7. Android Webview	13	1.08%

「棒グラフ」表示

ブラウザ	セッション ↓	セッション (サイト平均との比較)
	1,199 全体に対する割合: 100.00% (1,199)	1,199 全体に対する割合: 100.00% (1,199)
1. Chrome	493	352.29%
2. Internet Explorer	259	137.61%
3. Safari	238	118.35%
4. Edge	106	-2.75%
5. Firefox	58	-46.79%
6. Safari (in-app)	24	-77.98%
7. Android Webview	13	-88.07%

「サイト平均と比較」表示

	合計	1. Chrome	2. Internet Explorer	3. Safari	4. Edge	5. Firefox
ブラウザ	セッション ↓	セッション	セッション	セッション	セッション	セッション
1. Chrome	493	493	0	0	0	0
2. Internet Explorer	259	0	259	0	0	0
3. Safari	238	0	0	238	0	0
4. Edge	106	0	0	0	106	0
5. Firefox	58	0	0	0	0	58
6. Safari (in-app)	24	0	0	0	0	0
7. Android Webview	13	0	0	0	0	0
8. Mozilla Compatible Agent	3	0	0	0	0	0
9. Opera	2	0	0	0	0	0

「ピボット」表示

Chapter 4

訪問者と訪問経路を分析＆改善しよう

訪問者とその訪問経路のデータは、マーケティングに重要な情報です。これらについて分析＆改善する方法を解説します。

Section 21

訪問者と訪問経路を調べるための流れを知ろう

Chapter4では、訪問者がどの経路で訪問したのか、どの地域からアクセスしているのか、あるいはどんな環境でWebサイトを閲覧しているのかなどを、調べる方法を解説します。

訪問者と訪問経路を調べるための流れを把握しよう

本章では、訪問者と訪問経路を調べる方法を、以下の順で説明していきます。

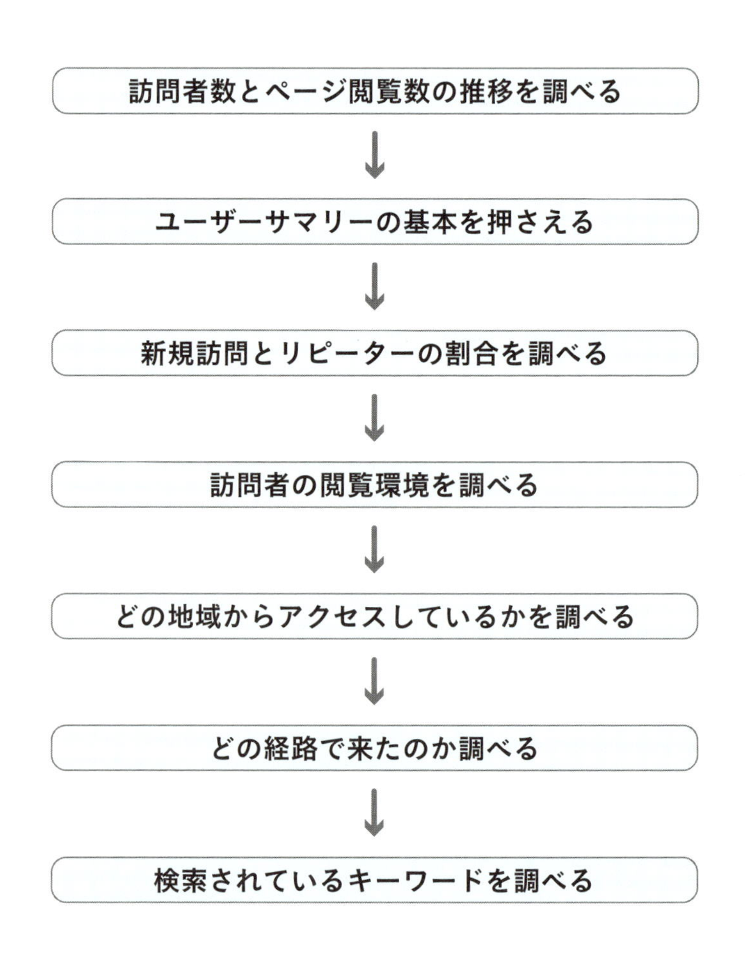

訪問者と訪問経路を知ることでWebサイトの現状を把握しよう

本章での解説を通して「新規訪問者とリピーターのどちらが多いのか」「どの地域から人が来ているのか」「どのWebサイトから訪問されているのか」「何の検索キーワードで訪問されているのか」を知ることができます。

ここで解説する項目は、Googoleアナリティクスの中でもほぼ必ず参考にする重要な指標が含まれており、利用頻度が高く、Webサイトを改善するときに役立ちます。

Webサイトを運営する目的や意図と合致しているか、思った通りに訪問者が来ているか、SEOで設定したキーワードが機能しているかどうかなどを判断するための材料になりますので、まずは基本的な見方を理解できるようにしましょう。

また、数値を見るだけではなく、簡単な改善方法のアドバイスも掲載しています。自サイトの問題を解決するためのヒントにしてください。

訪問者の状況や訪問経路を知ることで、自サイトの現状を把握することができます。この章で解説している内容は、重要な指標であり、使用頻度も高い内容ですので、しっかりポイントを押さえ、Webサイトの改善に役立てましょう。

Section 22 訪問者数とページ閲覧数の推移を調べよう

Googleアナリティクスでは、訪問者数やページの推移を絞り込んだグラフを表示させ、確認することができます。ここではさまざまな形式で表示を変更させて、数値を確認してみましょう。

ユーザーサマリーを表示し、訪問者数を調べよう

「ユーザー」の「概要」で表示されるユーザーサマリーに表示されるグラフは、表示の形式を変更できる項目があります。ここでは代表的な表示方法を解説します。

① Googleアナリティクスにログインし、「ユーザー」をクリックして1、「概要」をクリックします2。

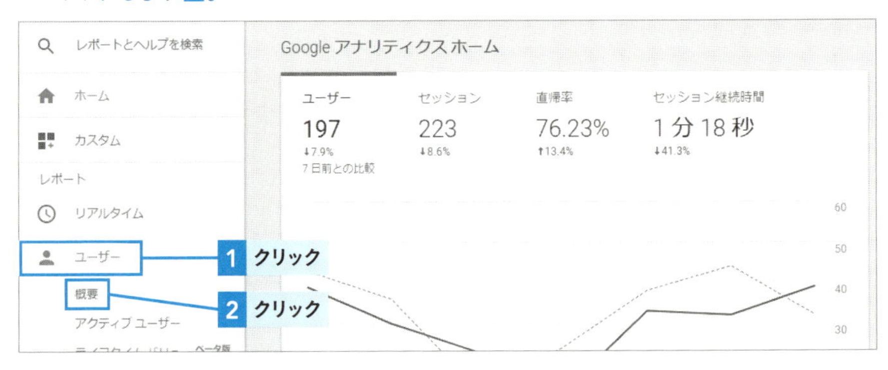

② ユーザーサマリー画面の「サマリー」下にある項目（画面では「セッション」）をクリックすると1、表示する指標を変更することができます。

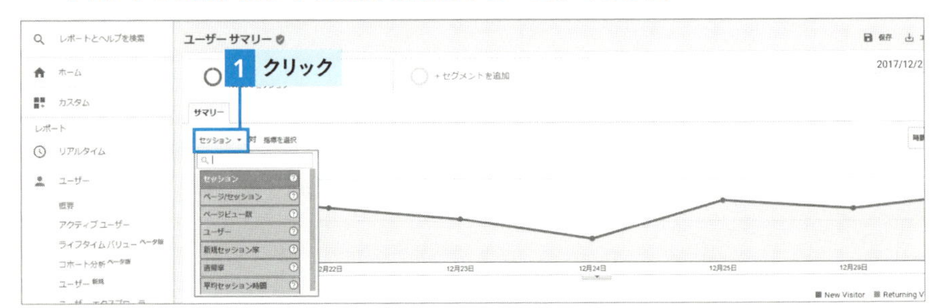

ユーザー数のみ表示させてみよう

P.84の操作で、ユーザー数を表示させたグラフです。「サマリー」の下が「ユーザー」になっていることを確認しましょう。
ユーザー数が急激に増加している、あるいは急激に減少している日がないかチェックします。訪問者が多いWebサイトに紹介された、テレビや新聞・雑誌などのメディアに登場したなどの出来事があった場合、一時的に訪問者が急増する場合があります。

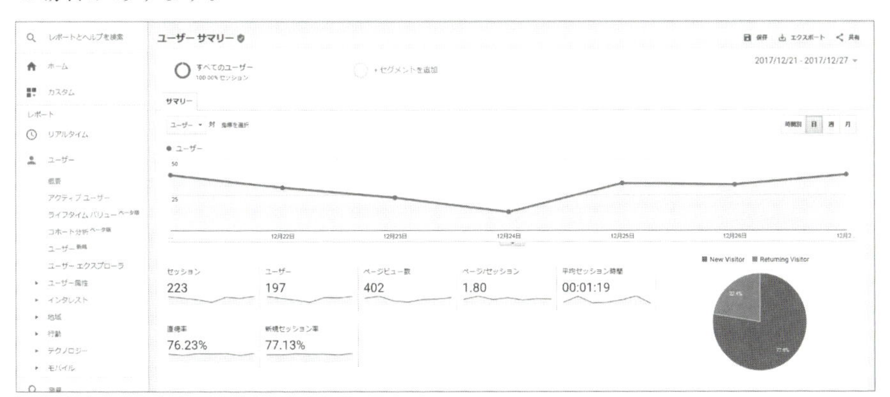

平均セッション時間を表示させてみよう

P.84の操作で、「平均セッション時間」に切り替えて表示したグラフです。
平均セッション時間は長いほど、ユーザーが興味を持ってWebサイト閲覧されているといえます。目安としては、1分以上は欲しいところ。2分以上であれば十分な数値といえます。

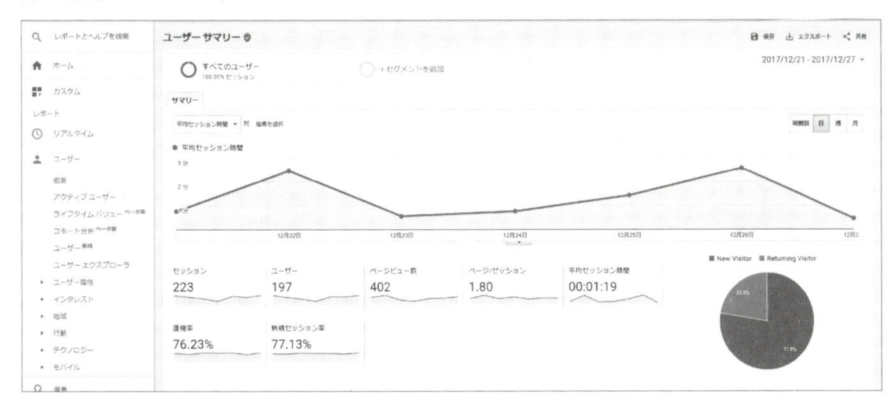

その他の表示方法について知ろう

その他にも、次のような表示形式を選択することができます。

●直帰率

直帰率は、数値が低い方がよいとされています。目安となる平均的な数値は、ブログで70〜80%、企業サイトで40〜50%、ネットショップでは30〜50%とされています。

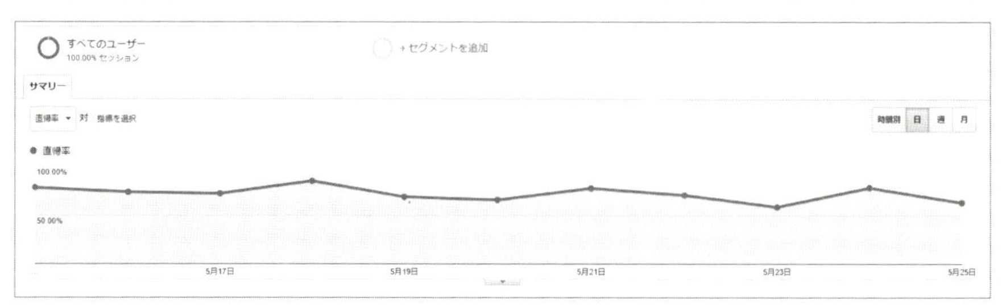

●セッション

P.85のユーザー数と同様、急激な増減についてチェックします。

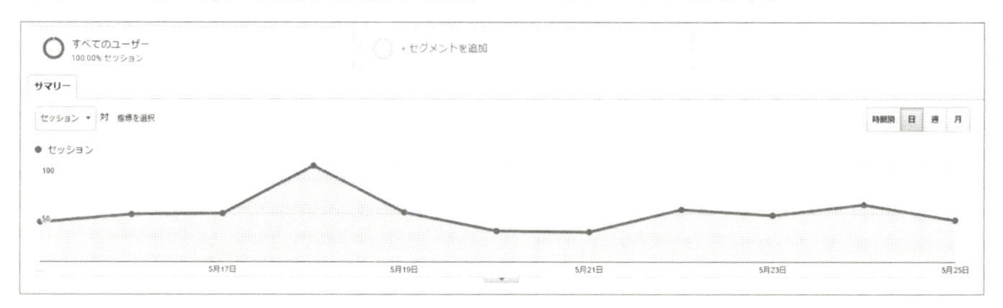

●新規セッション率

新規でWebサイトを訪問した数の推移です。SEOや広告を使って、新規ユーザーの獲得に力を入れていれば、数値は高い方がよいし、リピーター獲得に力を入れていれば、数値は低い方がよいと判断します。

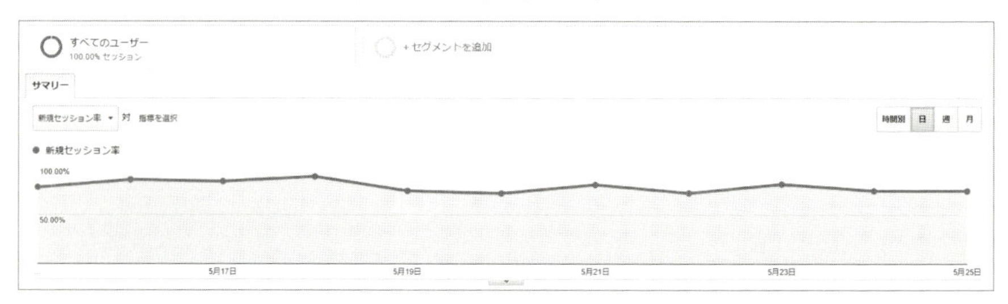

代表的な改善方法を知ろう

ここまでは、基本的な画面や数値の見方や用語について解説してきましたが、実際に数字を見てどう改善すればよいのでしょうか？以下、代表的な方法をまとめましたので、改善点を検討するときの参考にしてください。

●ユーザー数、セッション数が少ない

ユーザー数、セッション数が少ない場合は、Webサイトへの訪問者を増やす施策をおこないます。SEO対策を見直す、リスティング広告やSNS広告を利用する、他サイトからのリンクを増やす、メルマガを使う、印刷物に自社サイトのURLを入れるなどがおもな施策となります。

●ページビュー数が少ない

ページビューが少ない場合は、関連ページへのリンクを貼って複数ページを閲覧させる施策をします。ページの本文にリンクを貼ったり、本文の最後に「関連記事」とタイトルを付けて他ページへの導線を作るようにしましょう。

●平均セッション時間が短い

文字数が少ないページは内容を膨らませる（文字数を増やす）、あるいは動画を設置するなどして、滞在時間を長くする工夫をします。

●直帰率の数値がよくない

直帰率の数値は、一般的に「低い」方がよいとされています。直帰率の数値が高いというのは1ページだけ見て離脱してしまう人が多いということです。この場合、上述の「ページビュー数が少ない場合」の施策が参考になります。直帰率に加えて、平均セッション時間が短い場合は、ユーザーが期待しているウェブサイトではない可能性がありますので、デザインやコンテンツの両面から再度の検討が必要になることもあります。

まとめ

ユーザーサマリーの画面では、運営しているサイトの訪問者数やページ表示回数などの「概要」を把握することができます。ただ数字を見るだけではなく、推移の傾向を含めて判断し、ウェブサイトの改善に活用しましょう。

Section 23 新規訪問とリピーターの割合を調べよう

Webサイトへの訪問者の現状について、まず最初に把握しておきたいのが「新規訪問」と「リピーター」です。新規訪問は、初めてWebサイトを訪れた数、「リピーター」は2回以上訪問した数です。

新規訪問とリピーターの割合を知ろう

「新規訪問」はWebサイトを初めて訪問した数、「リピーター」は2回以上訪問した数を表しています。ユーザーサマリーの画面にある円グラフで、新規訪問とリピーターの割合を確認できます。New Visitorが新規訪問、Returning Visitorがリピーターを表しています。

この画面では、新規訪問が77.6%、リピーターが22.4%であることがわかります。さらに詳しいデータを表示して、分析してみましょう。

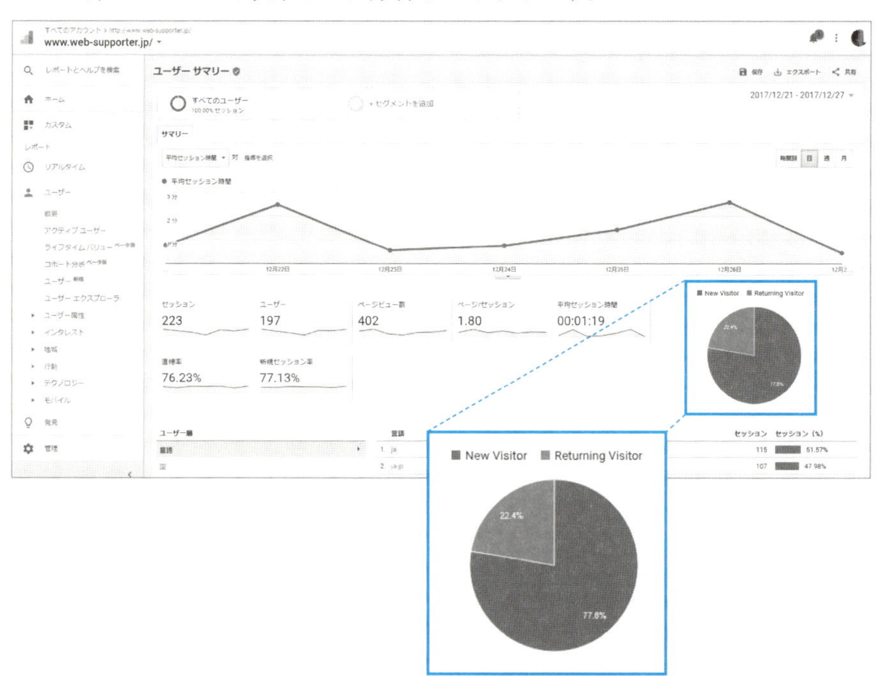

① サイドメニューで「ユーザー」の「行動」をクリックし**1**、「新規とリピーター」をクリックします**2**。

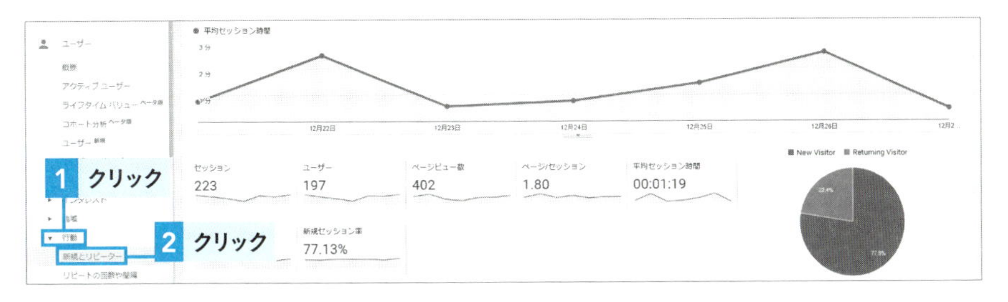

② スクロールすると、詳しい数値が表示されます。表示されている訪問数は、「人数」ではなく「セッション数」になっていることに注意しましょう。

プライマリ ディメンション：ユーザー タイプ

ユーザー タイプ	集客 セッション	新規セッション率	新規ユーザー	行動 直帰率	ページ/セッション	平均セッション時間	コンバージョン コンバージョン率	目標の完了数	目標値
	848 全体に対する割合：100.00% (848)	79.72% ビューの平均：79.72% (0.00%)	676 全体に対する割合：100.00% (676)	71.34% ビューの平均：71.34% (0.00%)	1.95 ビューの平均：1.95 (0.00%)	00:00:59 ビューの平均：00:00:59 (0.00%)	0.00% ビューの平均：0.00% (0.00%)	0 全体に対する割合：0.00% (0)	$0.00 全体に対する割合：0.00% ($0.00)
1. New Visitor	676 (79.72%)	100.00%	676 (100.00%)	77.07%	1.71	00:00:45	0.00%	0 (0.00%)	$0.00 (0.00%)
2. Returning Visitor	172 (20.28%)	0.00%	0 (0.00%)	48.84%	2.91	00:01:56	0.00%	0 (0.00%)	$0.00 (0.00%)

表示する行数：10　移動：1　1 - 2/2

このレポートは 2017/06/30 16:58:32 に作成されました・レポートを更新

新規訪問とリピーターの関係について分析しよう

新規訪問者とリピーターは、どちらが多い方がよいかは、一概にいえません。これは、運営目的や取り組みの状況次第で、数値の見かたが変わるからです。Webサイトを新規で立ち上げたばかりの頃は、新規訪問者の方が圧倒的に多くなります。「新規の訪問者を増やす」という意図を持って、ネット広告を利用したり、SEO対策に力を入れている場合も、「新規訪問」の数値が伸びているか確認しながら運営することになるでしょう。

一方、ネットショップやブログのように、購入者や読者にファンになってもらい、何度もWebサイトに訪問してもらう施策をおこなっている場合は、「リピーター」の増加に注視することになるでしょう。

「新規訪問」と「リピーター」は人数ではなく「セッション数」です。一概に「新規訪問が高い方がよい」「リピーターが高い方がよい」とはいえません。分析期間のWebサイトへの取り組み方で、数値の見方が変わってきます。

Section 24

訪問者の閲覧環境を調べよう

Googleアナリティクスでは、訪問者の閲覧環境について調べることができます。パソコンか携帯・スマートフォンか、OSやブラウザの種類など、閲覧者の環境を把握し、Web制作に役立てましょう。

訪問者の閲覧環境を知ろう

ユーザーサマリーの画面の下部には、「システム」や「モバイル」の欄に「ブラウザ」や「オペレーティングシステム（OS）」など訪問者の環境を確認できる項目が用意されていますので、見てみましょう。

ここでは、システムの「ブラウザ」「オペレーティングシステム」、モバイルの「オペレーティングシステム」について解説します。

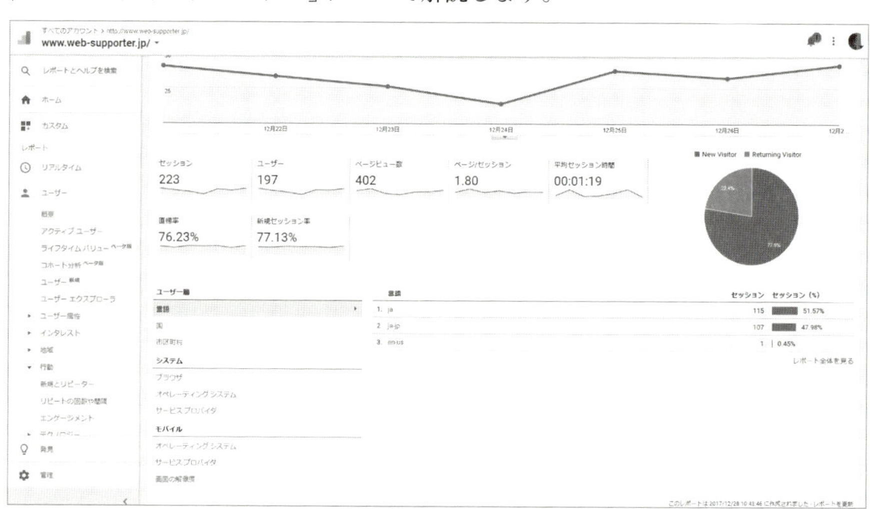

ブラウザの利用状況を確認しよう

閲覧者が使用しているブラウザについて、利用状況を確認してみましょう。

① ユーザーサマリーの画面で「システム」欄の「ブラウザ」をクリックします1。

② 画面の右側にブラウザの利用状況が表示されます。さらに詳しい状況を表示したい場合は、右下の「レポート全体を見る」をクリックします1。

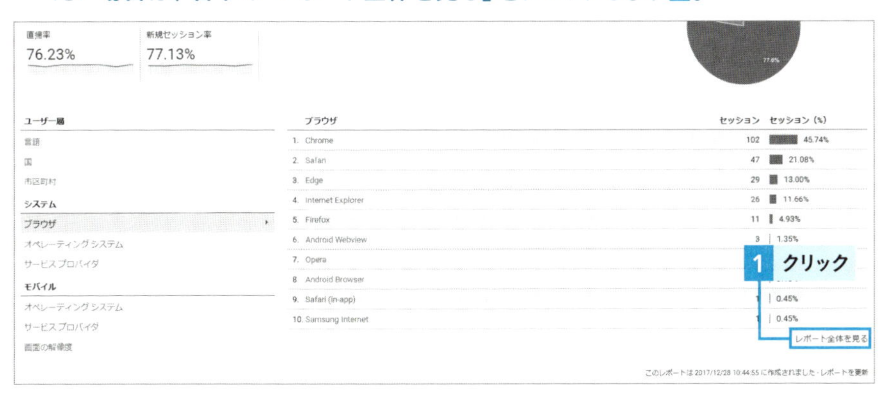

③ レポート全体が表示されます。「表示する行数」を変更することで1、表示件数を増やすことができます。

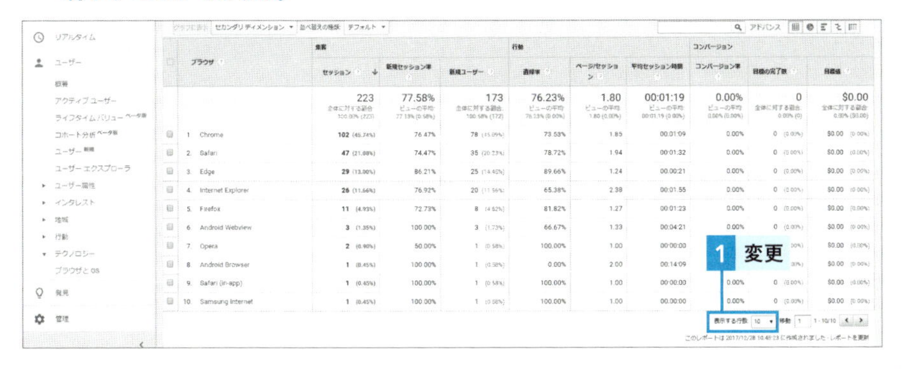

OSの利用状況を確認しよう

OSの利用状況について、確認してみましょう。

① ユーザーサマリーの画面で「システム」の「オペレーティングシステム」をクリックします 1。

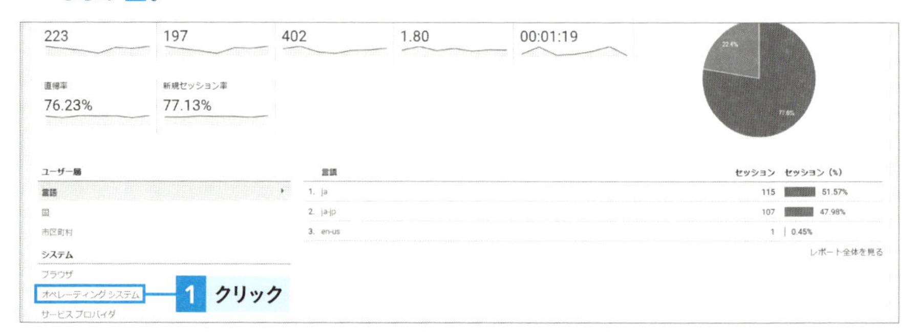

② 画面の右側が切り替わり、OSの利用状況が表示されます。さらに詳しい状況を表示したい場合は、右下の「レポート全体を見る」をクリックします 1。

③ レポート全体が表示されました。「表示する行数」を変更することで 1、表示件数を増やすことができます。

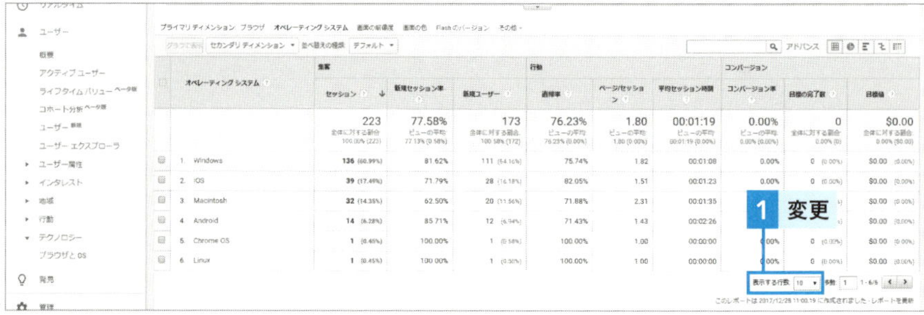

モバイルの「オペレーティングシステム」も同様の方法で表示できます。

スマホ・タブレットの利用状況と利用端末を確認しよう

スマホ・タブレットの利用状況を確認しましょう。

① 「ユーザー」の「モバイル」で「概要」をクリックします 1。desktopはパソコン、mobileはスマートフォン・携帯電話、tabletはタブレットです。

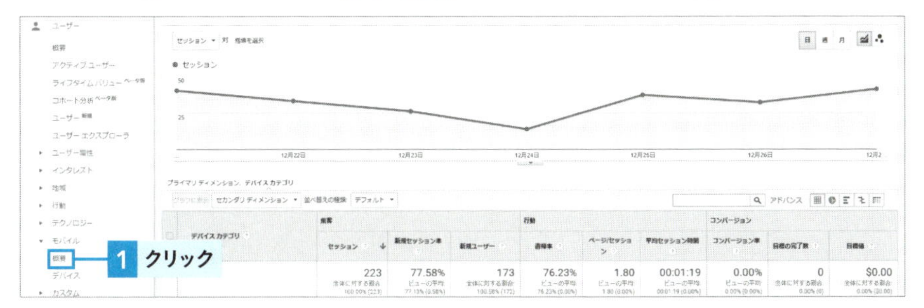

② 「ユーザー」の「モバイル」で「デバイス」をクリックすると、利用端末の詳細が表示されます 1。

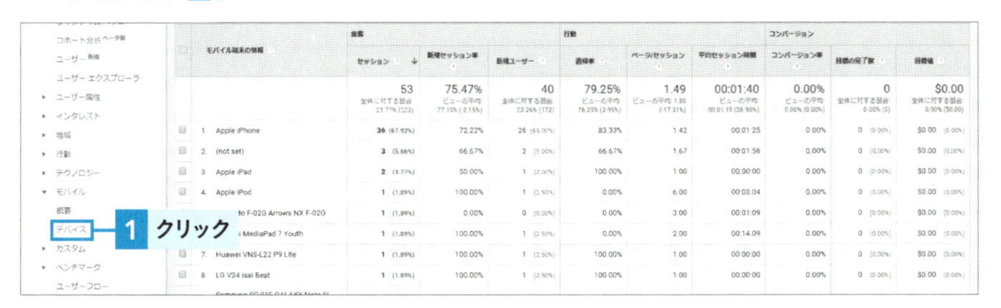

メモ パソコン（desktop）とモバイル（mobile）の割合に注目

ここで特に注視したいのは、パソコン(desktop) とモバイル (mobile)の割合です。スマートフォンユーザーの増加に伴い、モバイル端末でのアクセス数が年々伸びています。もしWebサイトが、モバイル対応していないのであれば、早急に対応をしましょう。目安としては、モバイルからのアクセスが20%を越えていたら、対応が必要であると判断します。

ユーザーの閲覧環境を調べる画面では、パソコンとモバイル、タブレット環境の割合や、OSの利用状況、モバイル端末の種類などを知ることができます。特に注目しておきたいのは、モバイルからのアクセス数です。閲覧者の環境に合わせて、どれだけ対応させるかの判断基準になります。

Section 25 どの地域からアクセスしているかを調べよう

Googleアナリティクスには、どの地域からアクセスされているかを分析できる指標があります。国や都道府県ごとに確認できるので、地域に特化した情報を発信している場合はチェックしましょう。

世界のどこからアクセスされたかを知ろう

国ごとのアクセス状況を確認してみましょう。

① ユーザーサマリーの画面で、「ユーザー層」の「国」をクリックします 1。

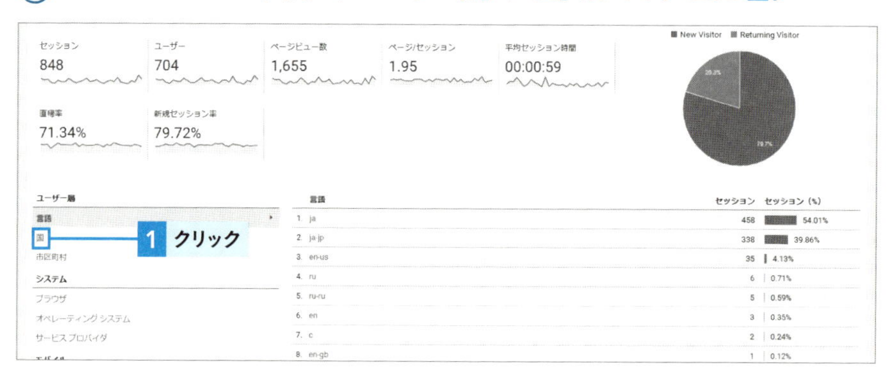

② 国別のデータが表示されます。スクロールすると表形式のデータを確認できます。さらに詳しい状況を表示したい場合は、右下の「レポート全体を見る」をクリックします 1。

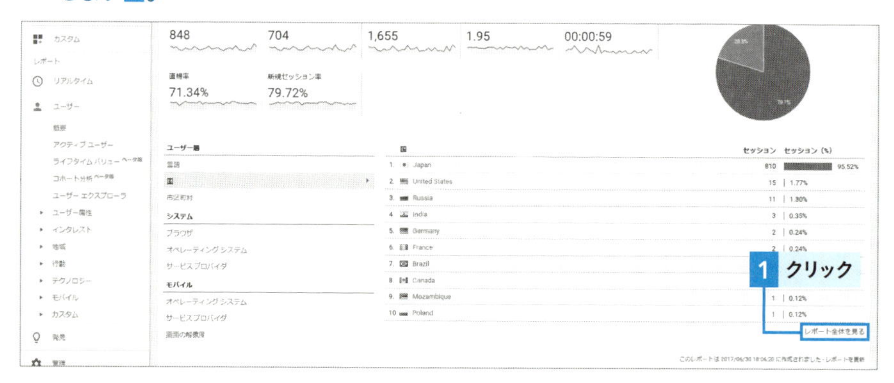

どの都道府県からアクセスされたかを確認しよう

都道府県ごとのアクセス状況を確認しましょう。

① P.94①の画面で、地域ごとのデータを調べたい国名をクリックします。ここでは、「Japan」をクリックします。

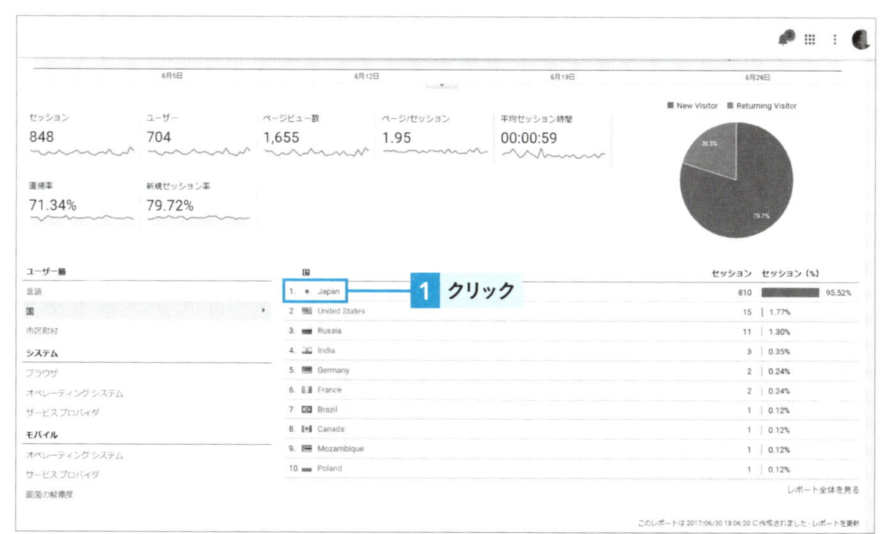

② 都道府県別のデータが表示されました。スクロールすると表形式のデータを確認できます。「表示する行数」を変更することで 1 、表示件数を増やすことができます。

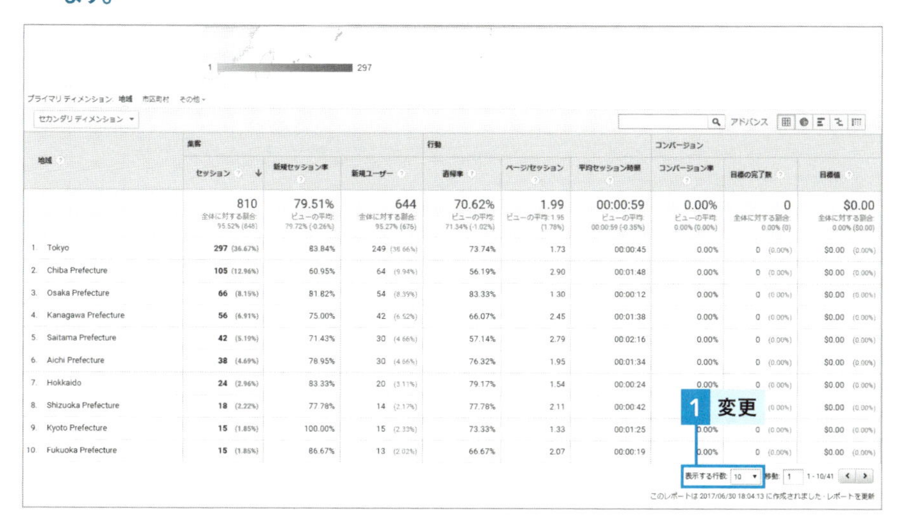

地域	集客 セッション	新規セッション率	新規ユーザー	行動 直帰率	ページ/セッション	平均セッション時間	コンバージョン コンバージョン率	目標の完了数	目標値
	810 全体に対する割合: 95.52% (848)	79.51% ビューの平均: 79.72% (-0.26%)	644 全体に対する割合: 95.27% (676)	70.62% ビューの平均: 71.34% (-1.02%)	1.99 ビューの平均: 1.95 (1.78%)	00:00:59 ビューの平均: 00:00:59 (-0.35%)	0.00% ビューの平均: 0.00% (0.00%)	0 全体に対する割合: 0.00% (0)	$0.00 全体に対する割合: 0.00% ($0.00)
1. Tokyo	297 (36.67%)	83.84%	249 (38.66%)	73.74%	1.73	00:00:45	0.00%	0 (0.00%)	$0.00 (0.00%)
2. Chiba Prefecture	105 (12.96%)	60.95%	64 (9.94%)	56.19%	2.90	00:01:48	0.00%	0 (0.00%)	$0.00 (0.00%)
3. Osaka Prefecture	66 (8.15%)	81.82%	54 (8.39%)	83.33%	1.30	00:00:12	0.00%	0 (0.00%)	$0.00 (0.00%)
4. Kanagawa Prefecture	56 (6.91%)	75.00%	42 (6.52%)	66.07%	2.45	00:01:38	0.00%	0 (0.00%)	$0.00 (0.00%)
5. Saitama Prefecture	42 (5.19%)	71.43%	30 (4.66%)	57.14%	2.79	00:02:16	0.00%	0 (0.00%)	$0.00 (0.00%)
6. Aichi Prefecture	38 (4.69%)	78.95%	30 (4.66%)	76.32%	1.95	00:01:34	0.00%	0 (0.00%)	$0.00 (0.00%)
7. Hokkaido	24 (2.96%)	83.33%	20 (3.11%)	79.17%	1.54	00:00:24	0.00%	0 (0.00%)	$0.00 (0.00%)
8. Shizuoka Prefecture	18 (2.22%)	77.78%	14 (2.17%)	77.78%	2.11	00:00:42	[illegible]	[illegible] (0.00%)	$0.00 (0.00%)
9. Kyoto Prefecture	15 (1.85%)	100.00%	15 (2.33%)	73.33%	1.33	00:01:25	0.00%	0 (0.00%)	$0.00 (0.00%)
10. Fukuoka Prefecture	15 (1.85%)	86.67%	13 (2.02%)	66.67%	2.07	00:00:19	0.00%	0 (0.00%)	$0.00 (0.00%)

どの市町村からアクセスされたかを確認しよう

市町村ごとのアクセス状況を確認しましょう。

① ユーザーサマリーの画面で、「ユーザー層」の「市区町村」をクリックします 1。

② 市区町村別のデータが表示されます。さらに詳しい状況を表示したい場合は、右下の「レポート全体を見る」をクリックします 1。

③ レポート全体が表示されました。スクロールすると表形式のデータを確認できます。「表示する行数」を変更することで 1、表示件数を増やすことができます。

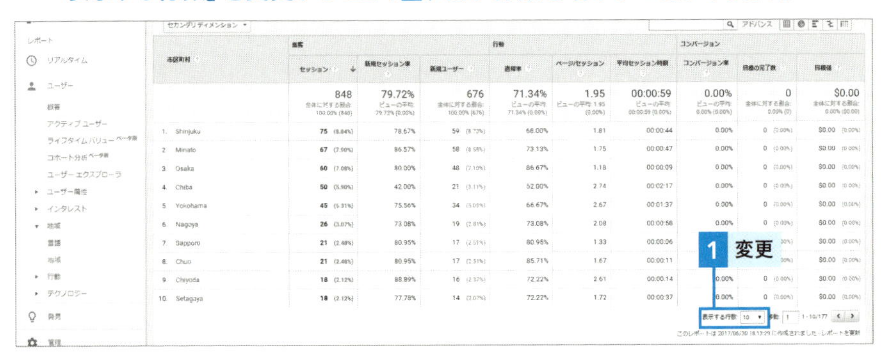

代表的な改善方法を知ろう

地域の画面では、どこからアクセスされているのか、閲覧者がいる「場所」を知ることができます。意図している地域からアクセスがあれば問題ありませんが、もし思うようにアクセスが来ていない場合は、以下の改善方法をヒントにしてください。

●飲食店や店舗など、地域に特化したビジネス

飲食店や店舗などのWebサイトで、意図した地域からアクセスが来ていない場合、基本的なSEOの設定を見直してみましょう。タイトルタグやメタディスクリプションに、地域名が入っているかを確認します。
その他、地域のポータルサイトがあれば、リンクを依頼する、来店者に、ブログ記事で紹介してもらう、SNSでシェアしてもらうなどの取り組みも有効です。

●海外展開をしている

意図している国からアクセスが思うように来ていない場合は、その国にあった言語のページを増やすなど、コンテンツを充実させる対策をしましょう。その国向けのFacebookページを開設するのもおすすめです。

●思いがけない地域からアクセスがある

地域のアクセス状況を分析する中で、意図していない地域から思いがけずアクセスがたくさん来ているというケースもあります。
もし通信販売をおこなっている場合、その地域に商機がある可能性がありますので、アクセスが来ている地域向けのページを増やしてみるなど、検討してみてもよいでしょう。

まとめ

地域ごとのアクセス状況では、国別、都道府県別、地区町村別に指標を確認することができます。意図している地域からのアクセスが少ない場合、ケースごとに改善方法がありますので、参考にしてください。

Section 26

どの経路で来たのか調べよう

Webサイトにアクセスする経路は大きく分けて、検索エンジン経由、直接Webサイトのアドレスを入力、他のWebサイト経由、SNS経由の4種類があります。これらは「集客サマリー」から確認できます。

集客サマリーを表示しよう

ここまでは、おもに「ユーザー」の項目内にある画面について説明してきましたが、ここからは「集客」の項目を使った分析について解説します。

サイドメニューで「集客」の「概要」をクリックすると、「集客サマリー」が表示されます。「Organic Search」(P.102参照)は検索エンジンから、「Direct」は直接Webサイトのアドレスを入力して来た数、「Referral」は他のWebサイト経由出来た数、「Social」はSNS経由です。

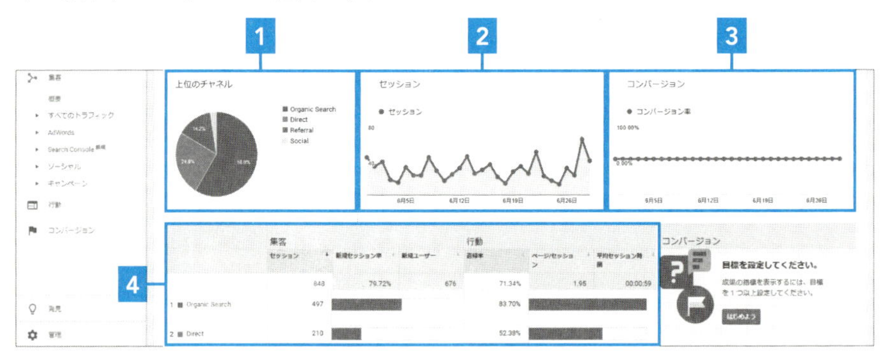

1 上位のチャネル

どの経路から人が来ているかを円グラフで表示しています。

2 セッション

期間内のセッション数を折れ線グラフで表示しています。

3 コンバージョン

コンバージョンの設定がされていれば、その推移が表示されます。

4 リスト

どの経路から人が来ているかを一覧形式で表示しています。

どのWebサイトから訪問されたかを確認しよう

自サイトにどの経路で訪問されているかを詳しく確認してみましょう。

①「集客」の「すべてのトラフィック」をクリックし1、「参照元/メディア」をクリックします2。

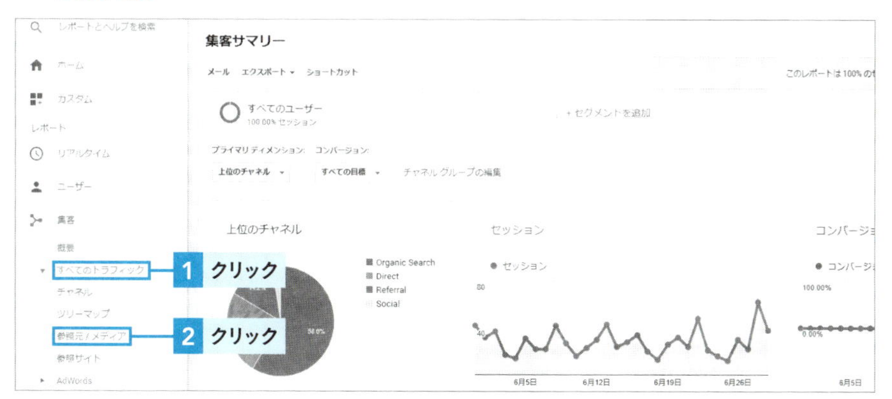

② 参照元/メディアの一覧表が表示されます。「表示する行数」を変更することで1、表示件数を増やすことができます。

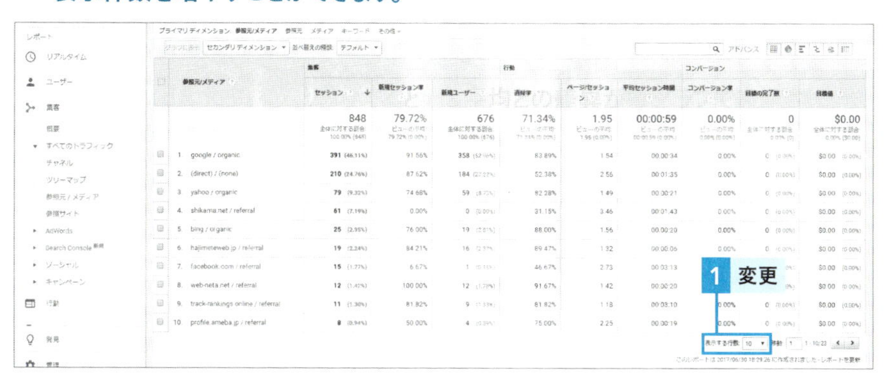

メモ 各項目の意味を覚えておこう

「○○○○/organic」は検索エンジン経由、「(direct) / (none)」は直接Webサイトのアドレスを入力した訪問、「○○○○ / referral」は他のWebサイト経由での訪問を表しています。

referralは「リファラー」と呼ばれ、日本語では「参照元」という名称になっています。他のWebサイトに貼られているリンクをクリックして、自サイトへ訪問した数が確認できます。

リファラーについて知ろう

「どのWebサイトから訪問されたか」を確認してみましょう。ここでは、4つの経路のうち他のWebサイト経由で訪問して来た状況のみに絞って確認します。

① 「集客サマリー」画面でリストの「Referral」をクリックします 1 。

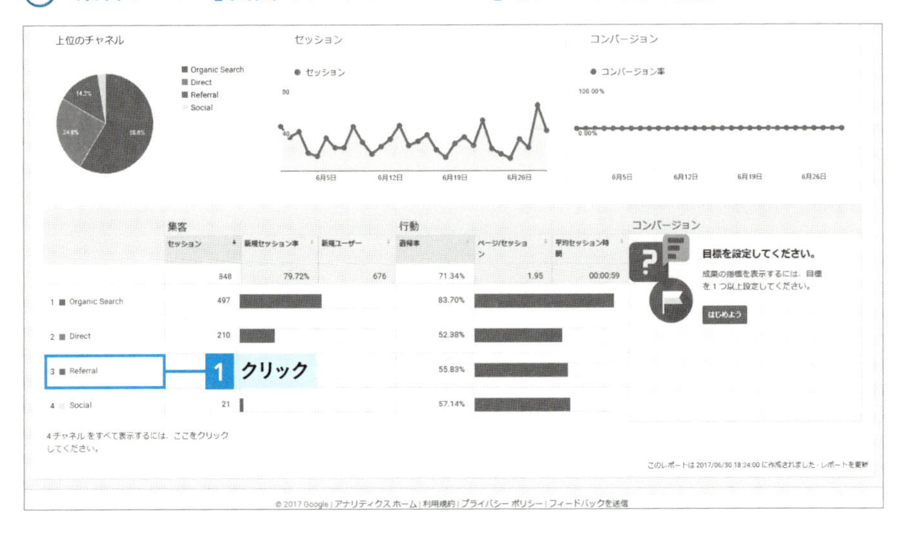

② 切り替わった画面をスクロールすると、参照元の一覧が表示されます。「表示する行数」を変更することで 1 、表示件数を増やすことができます。

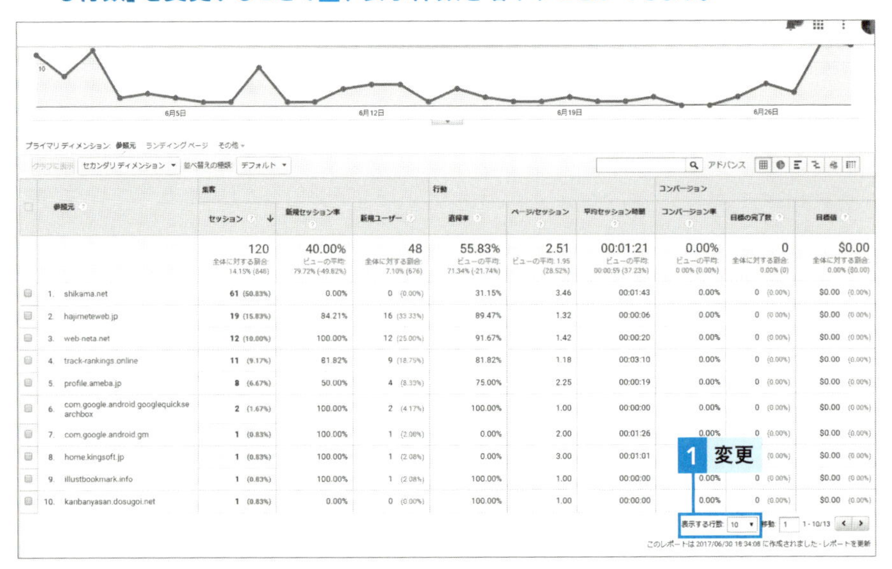

参照元	集客 セッション	新規セッション率	新規ユーザー	行動 直帰率	ページ/セッション	平均セッション時間	コンバージョン コンバージョン率	目標の完了数	目標値
	120 全体に対する割合: 14.15% (848)	40.00% ビューの平均: 79.72% (-49.82%)	48 全体に対する割合: 7.10% (676)	55.83% ビューの平均: 71.34% (-21.74%)	2.51 ビューの平均: 1.95 (28.52%)	00:01:21 ビューの平均: 00:00:59 (37.23%)	0.00% ビューの平均: 0.00% (0.00%)	0 全体に対する割合: 0.00% (0)	$0.00 全体に対する割合: 0.00% ($0.00)
1. shikama.net	61 (50.83%)	0.00%	0 (0.00%)	31.15%	3.46	00:01:43	0.00%	0 (0.00%)	$0.00 (0.00%)
2. hajimeteweb.jp	19 (15.83%)	84.21%	16 (33.33%)	89.47%	1.32	00:00:06	0.00%	0 (0.00%)	$0.00 (0.00%)
3. web-neta.net	12 (10.00%)	100.00%	12 (25.00%)	91.67%	1.42	00:00:20	0.00%	0 (0.00%)	$0.00 (0.00%)
4. track-rankings.online	11 (9.17%)	81.82%	9 (18.75%)	81.82%	1.18	00:03:10	0.00%	0 (0.00%)	$0.00 (0.00%)
5. profile.ameba.jp	8 (6.67%)	50.00%	4 (8.33%)	75.00%	2.25	00:00:19	0.00%	0 (0.00%)	$0.00 (0.00%)
6. com.google.android.googlequicksearchbox	2 (1.67%)	100.00%	2 (4.17%)	100.00%	1.00	00:00:00	0.00%	0 (0.00%)	$0.00 (0.00%)
7. com.google.android.gm	1 (0.83%)	100.00%	1 (2.08%)	0.00%	2.00	00:01:26	0.00%	0 (0.00%)	$0.00 (0.00%)
8. home.kingsoft.jp	1 (0.83%)	100.00%	1 (2.08%)	0.00%	3.00	00:01:01		(0.00%)	$0.00 (0.00%)
9. illustbookmark.info	1 (0.83%)	100.00%	1 (2.08%)	100.00%	1.00	00:00:00	0.00%	0 (0.00%)	$0.00 (0.00%)
10. kanbanyasan.dosugoi.net	1 (0.83%)	0.00%	0 (0.00%)	100.00%	1.00	00:00:00	0.00%	0 (0.00%)	$0.00 (0.00%)

代表的な改善方法を知ろう

リファラーを確認することで、ユーザーがどのような経路で自サイトに訪問しているかを把握することができます。アクセス数の増減があった場合、リファラーの変化から、原因を特定するヒントが見えてきます。

●検索エンジン経由（「Organic Search」）からの訪問が減った

突然、検索エンジン経由の訪問が減った場合は、検索エンジンのガイドライン違反サイトとして認定されている可能性があります（検索エンジンスパム）。Chapter7で解説する「Googleサーチコンソール」に警告が来ていないかを確認します。状況によっては、特定するのが難しいケースもありますので、専門家への相談をおすすめします。ゆるやかに減少している場合は、同じキーワード内に競合が出てきた、あるいは競合サイトの方が検索エンジンに評価されているなどが考えられます。対処方法としては、Webサイトのキーワードの見直しや、訪問者にとって有益なページを増やす、Webサイトの構成を見直すなどが考えられます。

●特定経路からのアクセス数が減った

AというWebサイトからのアクセス数が減った、あるいはなくなった場合は、そのページが消された、あるいはAのサイト自体が閉鎖した可能性があります。また、リンクが正しく貼られていないという場合もあります。リンクの貼り直しを依頼できるのであれば、Aの運営元に連絡してみましょう。

●急激にアクセスが増えている

急激にアクセスが増えている場合、「Referral」の項目で、どこのWebサイトからの訪問が増えているかを特定しましょう。よい情報としてリンクが貼られている場合は、心配ありません。ネガティブな内容とともに自サイトにリンクが貼られている場合は、虚偽であれば連絡をし、記事の取り下げなどを依頼します。

どの経路から訪問されているかを把握することは、Webサイトの現状を把握し、何かあったときに原因を特定する上で非常に重要です。定期的にチェックするようにしましょう。、「リファラー」という言葉は、アクセス解析上よく使われますので、覚えておいてください。

Section 27 検索されているキーワードを調べよう

Webサイトに訪問者を増やそうと考えたときに、検索エンジン対策（SEO）は重要な施策の1つです。どんなキーワードで検索され、アクセスされているかを調べる方法を解説します

オーガニックサーチについて知ろう

検索エンジン経由でWebサイトへ訪問する場合、大きく分けて「オーガニックサーチ」と「広告」経由の２種類があります。オーガニックサーチは「検索」や「自然検索」とも呼ばれ、広告ではない検索結果を経由してWebサイトへ流入することです。

検索エンジン対策やSEO対策と呼ばれる施策は、「オーガニックサーチ」の中で上位表示をさせるための施策です。そのため、検索されているキーワードを知ることが重要になります。

検索されているキーワードは「集客サマリー」の「Organic Search」から調べることができます。

検索結果での「オーガニックサーチ」と「広告」

オーガニックサーチを詳しく確認しよう

オーガニックサーチを詳しく確認してみましょう。

①「集客サマリー」(P.100手順①参照)のリストで「Organic Search」をクリックします 1 。

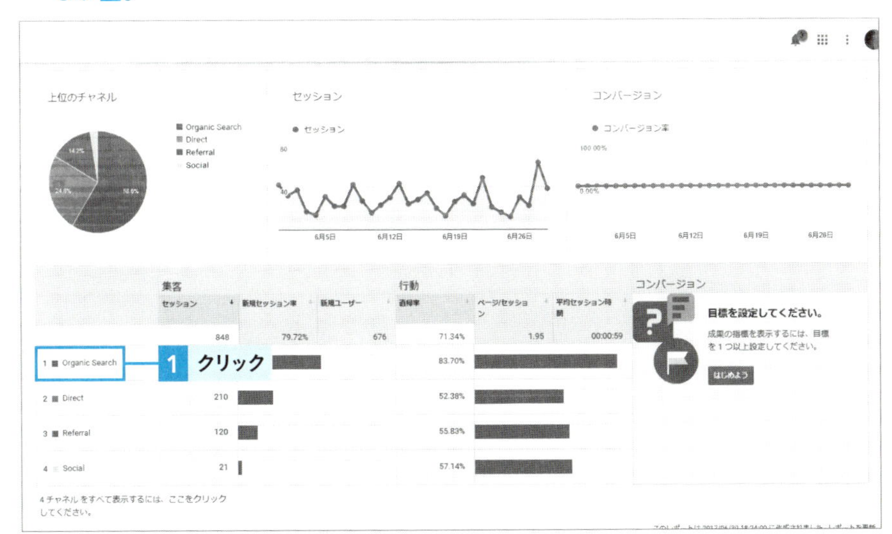

② オーガニックサーチが表示されました。スクロールすると、一覧が表示されます。「表示する行数」を変更することで 1 、表示件数を増やすことができます。

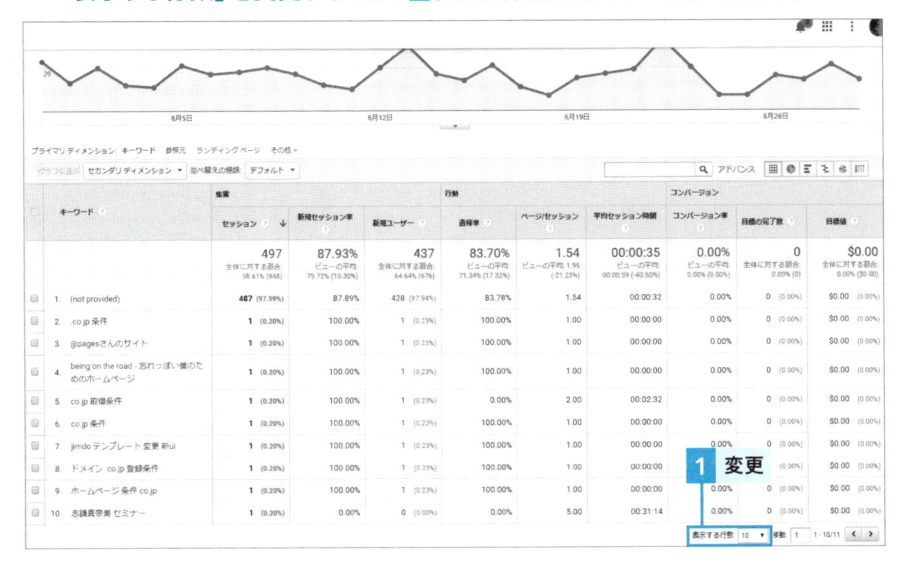

(not provided) について知ろう

オーガニックサーチの画面を表示すると「(not provided)」と表記された欄があります。GoogleやYahooの常時SSL化(Webサイト全体を暗号化する技術)にともない、検索されたキーワードの解析ができなくなりました。読み方は、「ノット・プロバイデッド」です。
オーガニックサーチの画面では、残念ながら(not provided)に含まれるキーワードを詳しく解析することができません。ただし、Chapter7で解説する「Googleサーチコンソール」を使うことで、詳しく解析することができます。

検索キーワードの表を確認しよう

(not provided)以外で表示されているキーワードについての見方は次の通りです。Webサイトの規模によっては、キーワード数が多い場合もありますので、「表示する行数」を増やすことをおすすめします。
キーワードは2語以上を組み合わせた「フレーズ」の場合もあります。

キーワード	集客			行動			コンバージョン		
	セッション	新規セッション率	新規ユーザー	直帰率	ページ/セッション	平均セッション時間	コンバージョン率	目標の完了数	目標値
	497 全体に対する割合: 58.61% (848)	87.93% ビューの平均: 79.72% (10.30%)	437 全体に対する割合: 64.64% (676)	83.70% ビューの平均: 71.34% (17.32%)	1.54 ビューの平均: 1.95 (-21.23%)	00:00:35 ビューの平均: 00:00:59 (-40.50%)	0.00% ビューの平均: 0.00% (0.00%)	0 全体に対する割合: 0.00% (0)	$0.00 全体に対する割合: 0.00% ($0.00)
1. (not provided)	487 (97.99%)	87.89%	428 (97.94%)	83.78%	1.54	00:00:32	0.00%	0 (0.00%)	$0.00 (0.00%)
2. .co.jp 条件	1 (0.20%)	100.00%	1 (0.23%)	100.00%	1.00	00:00:00	0.00%	0 (0.00%)	$0.00 (0.00%)
3. @pagesさんのサイト	1 (0.20%)	100.00%	1 (0.23%)	100.00%	1.00	00:00:00	0.00%	0 (0.00%)	$0.00 (0.00%)
4. being on the road - 忘れっぽい僕のためのホームページ	1 (0.20%)	100.00%	1 (0.23%)	100.00%	1.00	00:00:00	0.00%	0 (0.00%)	$0.00 (0.00%)
5. co.jp 取得条件	1 (0.20%)	100.00%	1 (0.23%)	0.00%	2.00	00:02:32	0.00%	0 (0.00%)	$0.00 (0.00%)
6. co.jp 条件	1 (0.20%)	100.00%	1 (0.23%)	100.00%	1.00	00:00:00	0.00%	0 (0.00%)	$0.00 (0.00%)
7. jimdo テンプレート 変更 新ui	1 (0.20%)	100.00%	1 (0.23%)	100.00%	1.00	00:00:00	0.00%	0 (0.00%)	$0.00 (0.00%)
8. ドメイン .co.jp 登録条件	1 (0.20%)	100.00%	1 (0.23%)	100.00%	1.00	00:00:00	0.00%	0 (0.00%)	$0.00 (0.00%)
9. ホームページ 条件 co.jp	1 (0.20%)	100.00%	1 (0.23%)	100.00%	1.00	00:00:00	0.00%	0 (0.00%)	$0.00 (0.00%)

プライマリディメンションの「参照元」をクリックすると、どの検索エンジンから訪問されているかがわかります。

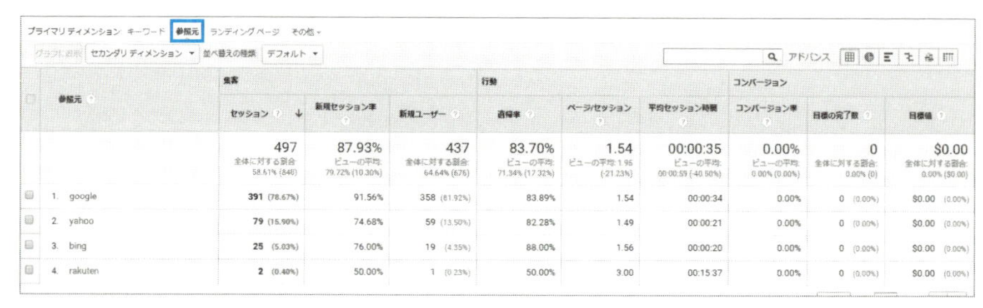

プライマリ ディメンション: キーワード 参照元 ランディング ページ その他
グラフに追加 セカンダリ ディメンション 並べ替えの種類: デフォルト アドバンス

参照元	集客			行動			コンバージョン		
	セッション	新規セッション率	新規ユーザー	直帰率	ページ/セッション	平均セッション時間	コンバージョン率	目標の完了数	目標値
	497 全体に対する割合: 58.61% (848)	87.93% ビューの平均: 79.72% (10.30%)	437 全体に対する割合: 64.64% (676)	83.70% ビューの平均: 71.34% (17.32%)	1.54 ビューの平均: 1.95 (-21.23%)	00:00:35 ビューの平均: 00:00:59 (-40.50%)	0.00% ビューの平均: 0.00% (0.00%)	0 全体に対する割合: 0.00% (0)	$0.00 全体に対する割合: 0.00% ($0.00)
1. google	391 (78.67%)	91.56%	358 (81.92%)	83.89%	1.54	00:00:34	0.00%	0 (0.00%)	$0.00 (0.00%)
2. yahoo	79 (15.90%)	74.68%	59 (13.50%)	82.28%	1.49	00:00:21	0.00%	0 (0.00%)	$0.00 (0.00%)
3. bing	25 (5.03%)	76.00%	19 (4.35%)	88.00%	1.56	00:00:20	0.00%	0 (0.00%)	$0.00 (0.00%)
4. rakuten	2 (0.40%)	50.00%	1 (0.23%)	50.00%	3.00	00:15:37	0.00%	0 (0.00%)	$0.00 (0.00%)

代表的な改善方法を知ろう

先述したように「(not provided)」の関係で、Googleアナリティクス上では検索キーワードのほとんどが解析されませんが、少ないキーワードの中でも読み取れることがあります。

●検索からの訪問が少ない

開設したばかりのWebサイトであれば、検索からの訪問はほとんどありませんので、それほど心配はいりません。ある程度運用年数があるのに、検索からの訪問が少ない場合は、SEOを根本から見直す必要があるケースもあります。競合調査、キーワードの選定、Webサイトへの基本設定など、可能であれば専門家を交えながら改善策を立てるとよいでしょう。

●意図している検索キーワードが少ない

意図している検索キーワードが少ない場合、SEOの基本設定を見直すことをおすすめします。また、Webサイトの文章中に、意図したキーワードが入っているかもチェックしましょう。ただし、同じキーワードで上位表示を目指している競合がたくさんある場合は、意図したキーワードでWebサイトへ訪問を増やすことが難しいケースもあります。近いキーワードで訪問者のニーズに合っているものをたくさんピックアップし、各キーワードに関連する有益な記事を作成することで、訪問者を増やせる可能性が高まるでしょう。

●意外なキーワードでアクセスがある

キーワードの一覧を最後まで確認すると、思いがけないキーワードでアクセスされていることがあります。意外ではあっても、自社の業務に合っていて、競合が少なく、かつ訪問者のニーズにマッチしているキーワードという可能性があれば、チェックしておきましょう。

検索されているキーワードの一覧は、Webサイトへ訪問者を増やすための重要な指標の一つです。「(not provided)」という形で解析できないキーワードも多いのですが、Chapter7で解説するGoogleサーチコンソールを併用することで、詳細に分析することができます。

Webページを使っている人の姿が見えてくる!?

Googleアナリティクスに表示されるものは、あくまでも「数字」ですが、さまざまな角度からデータを知ることで、Webサイトを訪問している人の姿が、なんとなく見えてくるのではないでしょうか。

P.70で解説したように、ユーザー属性の画面で男女や年齢層をズバリ判断する方法もありますが、その他の数字からユーザー層や状況を読み取ることもできます。たとえば、訪問者の使用端末で「Desktop」が多く、平日昼間のアクセス数が土日に比べて多ければ、仕事中に会社のパソコンから接続している人が多いだろうと想像することができます。

このように訪問者の属性を把握することは、マーケティングの分野においてとても重要です。Webサイトを改善するときに、必ず必要になるのが「誰が顧客なのか」ということ。データを見ると、意図通りの場合もあれば、思いがけないユーザー層にリーチしている場合もあります。そのときは、ターゲット層にあったコンテンツをきちんと提供できているか検証してみましょう。

逆に、40代〜50代ぐらいをターゲットとして設定していても、実際には20〜30代の方が訪問数が多いのであれば、多いターゲット層に合わせた商品やサービスの提供を検討してみてもよいでしょう。

Chapter 5

閲覧状況を分析&改善しよう

閲覧状況では、人気のある
ページや閲覧順序などを調べ
ることができます。これらは
Webサイトの各ページの改善
に役立つ情報です。

Section 28 人気ページと閲覧順序を調べるための流れを知ろう

Googleアナリティクスでは、Webサイトで人気のあるページや閲覧されている順序を知ることができます。ここでは、その見方について解説します。

人気ページと閲覧順序について

本章では、人気のあるページと閲覧されている順序について以下の順で説明していきます。人気のあるページとは、アクセスの多いページのことです。

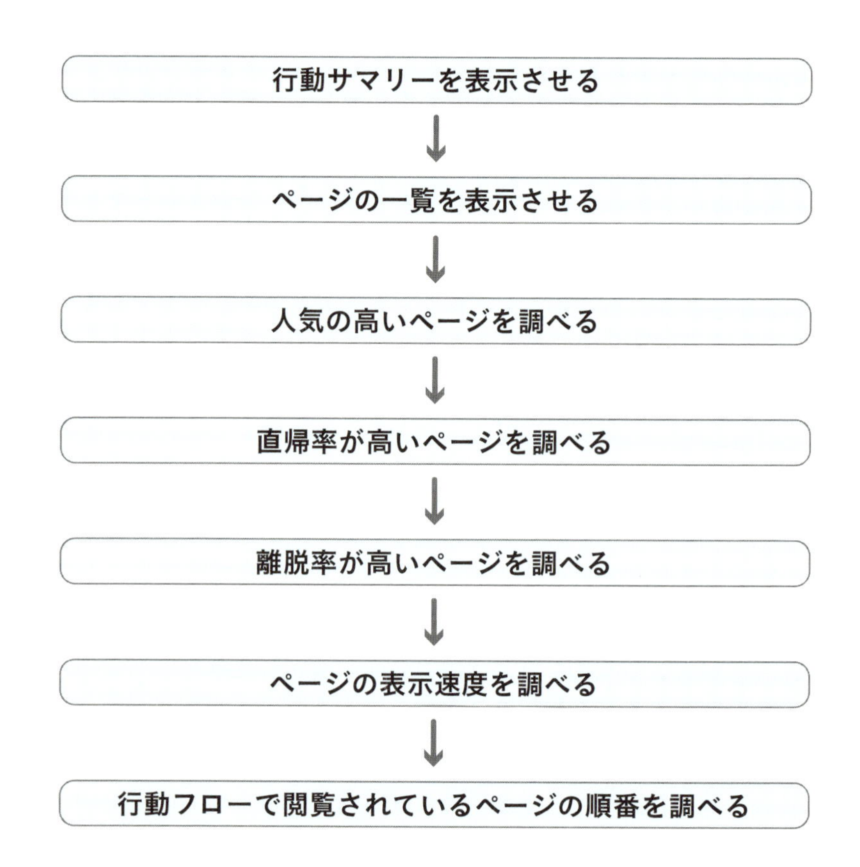

人気のページと閲覧順序を知ることで見えてくるもの

ここまでは、Googleアナリティクスの「ユーザー」「集客」の画面について解説してきましたが、ここからは「行動」の機能について詳しく説明していきます。「行動」は、閲覧されているページの人気状況や、閲覧されているページの順序などがわかる機能です。

Webサイトを運営する上で、閲覧者に必ず見て欲しい重要なページがあるはずです。Googleアナリティクスの「行動」をチェックすることで、意図したページがきちんと閲覧されているか、成果に繋がるページに人が到達しているのかどうかがわかります。また閲覧されている順序を知ることで、どのページが入口と出口になっているかを把握することができます。

これからのデータを通して、自サイトの改善点が見えてきます。重要なページに人が来ていないきはどうすればよいかなど、改善点を交えながら解説していきます。

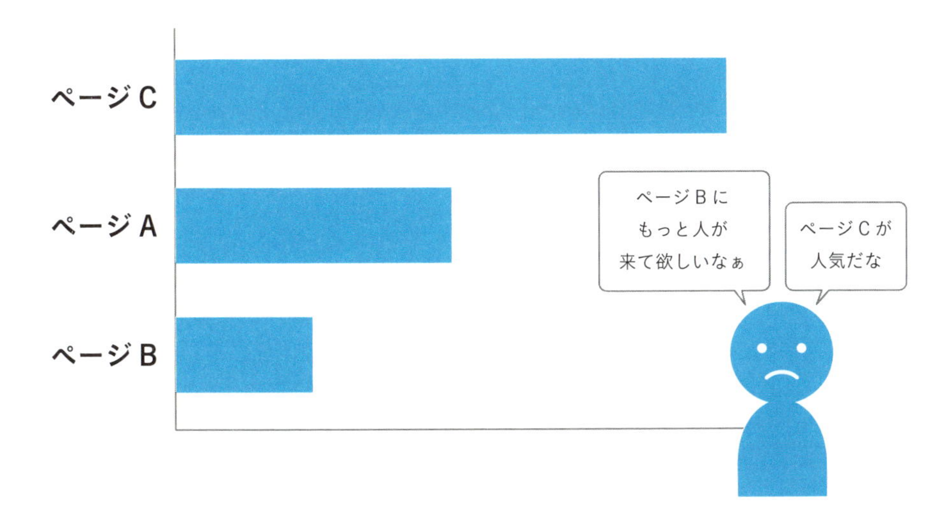

閲覧者の「行動」を知ることで、ページを改善すべき点が見えてきます。重要なページに人が訪れていない、あるいは優先度が低いページに意外とアクセスが集まっていることもわかります。直帰率や平均滞在時間も含め、現状を把握し、改善点を考えていきましょう。

Section 29 人気の高いページを調べよう

Googleアナリティクスの「行動サマリー」では、アクセス数の多い人気のページを知ることができます。

行動サマリーを表示しよう

Googleアナリティクスへログインし、サイドメニューで「行動」の「概要」をクリックすると、「サマリー」が表示されます。

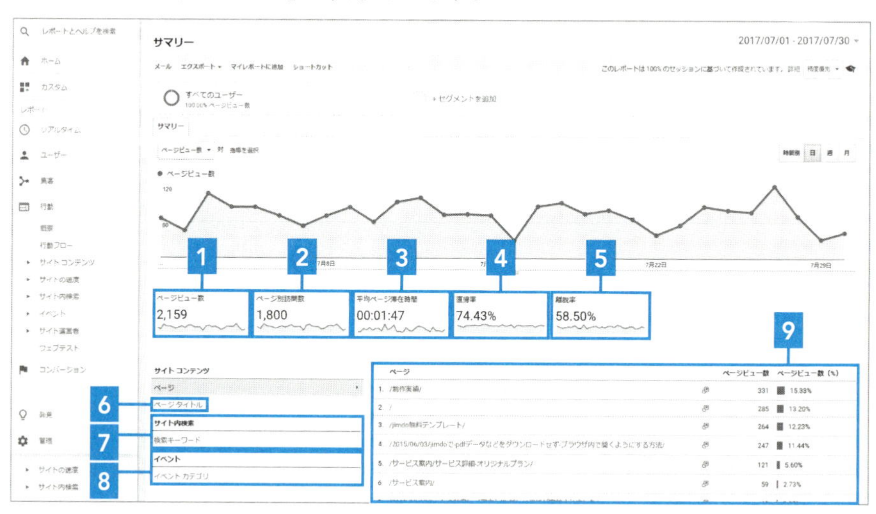

1 ページビュー数

期間内に、ウェブサイト内で何ページ表示されたかを計測した数値です。訪問者1人が5ページ閲覧すれば、「5ページビュー」とカウントされます。

2 ページ別訪問数

ページビュー数から、重複したアクセスを取り除いたページビュー数が「ページ別訪問者数」です。Aページを訪問したユーザーが、同ページを再読み込みした場合、「ページビュー数」では2ページとカウントされますが、ページ別訪問者数では1ページとカウントされます。

3 平均ページ滞在時間

ユーザーが特定のページに滞在した平均時間です。特定のページを表示した後、別のページに移動するまでの時間を表示しています。

4 直帰率

１ページだけ閲覧して離脱してしまったユーザー数です。2ページ以上閲覧したユーザー数はカウントされません。

5 離脱率

離脱率は、個々のページのすべてのページビューで、そのページがセッションの最後のページになった割合を示しています。

6 ページタイトル

右側に表示されている人気ページ一覧を、「ページタイトル」名で表示できます。

7 サイト内検索

事前設定をしておくことで、サイト内で検索された状況を知ることができます。

8 イベントカテゴリ

「イベント」は、ユーザーの行動やアクションを計測する機能です。事前設定することで、計測できます。

9 ページ

Webサイトの人気ページが、アクセス数の多い順に一覧で並んでいます。

人気のページを確認しよう

人気のページを確認しましょう。

① サイドメニューで「行動」の「概要」をクリックして「サマリー」画面を表示し 1 、下部の「ページ」の右下にある「レポート全体を見る」をクリックします 2 。

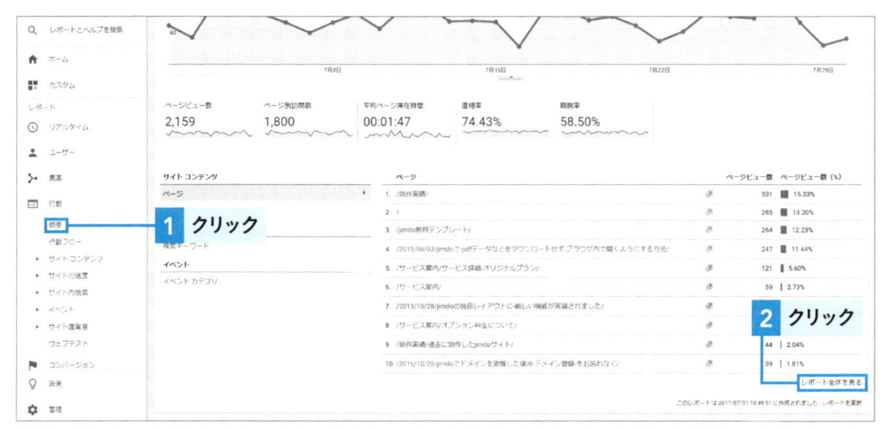

② 人気ページの一覧が表示されます。プライマリディメンションの「ページタイトル」をクリックします 1 。

③ 各ページのタイトルが表示されます 1 。

1 ページタイトル

プライマリディメンション: ページ　ページタイトル　その他

	ページタイトル	ページビュー数	ページ別訪問数	平均ページ滞在時間	閲覧開始数	直帰率	離脱率	ページの価値
		2,159 全体に対する割合: 100.00% (2,159)	1,800 全体に対する割合: 100.00% (1,800)	00:01:47 ビューの平均: 00:01:47 (0.00%)	1,263 全体に対する割合: 100.00% (1,263)	74.43% ビューの平均: 74.43% (0.00%)	58.50% ビューの平均: 58.50% (0.00%)	$0.00 全体に対する割合: 0.00% ($0.00)
1.	制作実績 -【プロが作る】Jimdo制作・デザイン	332 (15.38%)	283 (15.72%)	00:02:40	223 (17.66%)	72.65%	69.88%	$0.00 (0.00%)
2.	ホーム -【プロが作る】Jimdo制作・デザイン	285 (13.20%)	218 (12.11%)	00:01:06	175 (13.86%)	41.71%	41.40%	$0.00 (0.00%)
3.	Jimdo無料テンプレート -【プロが作る】Jimdo制作・デザイン	264 (12.23%)	221 (12.28%)	00:01:41	206 (16.31%)	69.42%	67.42%	$0.00 (0.00%)
4.	Jimdoで、PDFデータなどをダウンロードせず、ブラウザ内で開くようにする方法 -【プロが作る】Jimdo制作・デザイン	247 (11.44%)	215 (11.94%)	00:07:38	214 (16.94%)	88.79%	86.23%	$0.00 (0.00%)
5.	サービス詳細-オリジナルプラン -【プロが作る】Jimdo制作・デザイン	120 (5.56%)	92 (5.11%)	00:01:01	0 (0.00%)	0.00%	29.17%	$0.00 (0.00%)
6.	サービス案内 -【プロが作る】Jimdo制作・デザイン	59 (2.73%)	46 (2.56%)	00:00:21	1 (0.08%)	100.00%	8.47%	$0.00 (0.00%)

代表的な改善例を知ろう

「ページ」の画面では、各ページのアクセス状況から「人気のページ」を知ることができます。意図しているページが閲覧されているのであれば問題ありませんが、もし思うようにアクセスが来ていない場合は、以下の改善方法をヒントにしてください。

●閲覧して欲しいページにアクセスが少ない

商品紹介ページやサービス案内など、しっかり見てもらいたいページにアクセスが少ない場合は、各ページからリンクを貼る、トップページにバナー設置などの対処をします。該当ページへの導線がわかりにくくなっていないか、トップページから3クリック以内で閲覧して欲しいページへたどり着けるかを確認します。

●お問い合わせページにアクセスが少ない

お問い合わせや資料請求ページは、「成果」に直結するページです。ここへアクセスが少ない場合は、各ページの下方にお問い合わせページへリンクするボタンを設置する、あるいはヘッダーの右側にお問い合わせボタンを設置します。

●特集ページやキャンペーンページにアクセスが少ない

特集ページやキャンペーンページなど、一時的にたくさんアクセスが欲しいページの場合、広告を使って集客するのが目標達成の近道です。検索エンジンが提供しているリスティング広告やFacebook、Twitter広告の導入を検討しましょう。各ページからバナーを設置して、集中的にアクセスを集めるのも効果的です。

●意図していないページにアクセスが多い

意図していないページに人気があるケースもあります。そのページが成果に直結するページであれば、お問い合わせページにリンクを貼る、ボタンを設置するなどで、成果への導線を強化します。

人気Webページがわかる「ページ」機能は、非常に重要な指標の一つです。現状のアクセス状況を知ることで、さまざまな改善点が見えてきます。定期的にチェックするようにしましょう。

Section 30 直帰率の高いページを調べよう

直帰率は、1ページだけ見てWebサイトから離れてしまうユーザーの割合を表示しています。ここではページごとの直帰率の調べ方と改善方法を解説します。

直帰率を確認しよう

直帰率は、「ページ」の画面（P.112手順②参照）で確認できます。「直帰率」の項目をクリックすることで**1**、表示順を変更できます。

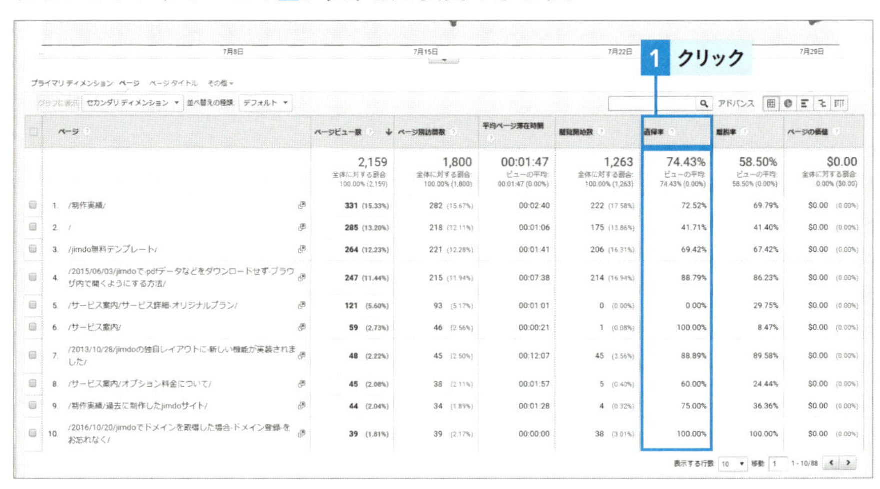

	ページ	ページビュー数	ページ別訪問数	平均ページ滞在時間	閲覧開始数	直帰率	離脱率	ページの価値
		2,159 全体に対する割合: 100.00% (2,159)	1,800 全体に対する割合: 100.00% (1,800)	00:01:47 ビューの平均: 00:01:47 (0.00%)	1,263 全体に対する割合: 100.00% (1,263)	74.43% ビューの平均: 74.43% (0.00%)	58.50% ビューの平均: 58.50% (0.00%)	$0.00 全体に対する割合: 0.00% ($0.00)
1.	/制作実績/	331 (15.33%)	282 (15.67%)	00:02:40	222 (17.58%)	72.52%	69.79%	$0.00 (0.00%)
2.	/	285 (13.20%)	218 (12.11%)	00:01:06	175 (13.86%)	41.71%	41.40%	$0.00 (0.00%)
3.	/jimdo無料テンプレート/	264 (12.23%)	221 (12.28%)	00:01:41	206 (16.31%)	69.42%	67.42%	$0.00 (0.00%)
4.	/2015/06/03/jimdoで-pdfデータなどをダウンロードせず-ブラウザ内で開くようにする方法/	247 (11.44%)	215 (11.94%)	00:07:38	214 (16.94%)	88.79%	86.23%	$0.00 (0.00%)
5.	/サービス案内/サービス詳細-オリジナルプラン/	121 (5.60%)	93 (5.17%)	00:01:01	0 (0.00%)	0.00%	29.75%	$0.00 (0.00%)
6.	/サービス案内/	59 (2.73%)	46 (2.56%)	00:00:21	1 (0.08%)	100.00%	8.47%	$0.00 (0.00%)
7.	/2013/10/28/jimdoの独自レイアウトに-新しい機能が実装されました/	48 (2.22%)	45 (2.50%)	00:12:07	45 (3.56%)	88.89%	89.58%	$0.00 (0.00%)
8.	/サービス案内/オプション料金について/	45 (2.08%)	38 (2.11%)	00:01:57	5 (0.40%)	60.00%	24.44%	$0.00 (0.00%)
9.	/制作実績/過去に制作したjimdoサイト/	44 (2.04%)	34 (1.89%)	00:01:28	4 (0.32%)	75.00%	36.36%	$0.00 (0.00%)
10.	/2016/10/20/jimdoでドメインを取得した場合-ドメイン登録-をお忘れなく/	39 (1.81%)	39 (2.17%)	00:00:00	38 (3.01%)	100.00%	100.00%	$0.00 (0.00%)

直帰率と離脱率の違い

直帰率とよく似た言葉に「離脱率」があります。直帰率は、1ページだけ閲覧してWebサイトを離れた数であるのに対し、離脱率は、ユーザーが複数ページを閲覧したときに離れた数を示しています。

たとえば、あるユーザーが「ページD」だけ閲覧してWebサイトを離れた場合は「直帰」ですが、「ページC」「ページA」「ページD」という順で閲覧し、Webサイトを離れた場合は、ページDで「離脱」とカウントします。

代表的な改善方法を知ろう

直帰率は、一般的に低い方がよいとされています。目安となる平均的な数値は、ブログで70〜80%、企業サイトで40〜50%、ネットショップでは30〜50%です。ただし、ランディングページのように1ページだけのWebサイトや、サポートサイトのように、1ページだけ読めば解説するようなページが多数ある場合には、直帰率の数値が高くでも心配ありません。複数ページの閲覧を前提としたWebサイトの場合は、以下の改善例を参考にしてください。

●関連ページへのリンクを貼る

ページの下方に、関連ページへのリンクを貼りましょう。他のページも見てもらえる確率が高くなります。ページを複数閲覧してもらうことで、製品やサービスへの興味をより深め、成果へ結び付ける意図があります。

●ページの見やすさ、読みやすさを改善する

閲覧したページは見やすいページになっていますか？文字の大きさが小さかったり、あるいは背景と文字色が近い色で読みにくいなどの問題があれば、可読性を確保できるよう改善しましょう。

●ボタンやバナーを配置する

たまたま見たページに、ユーザーの興味がある情報がなかったとしても、他のおすすめがあることを示すことで、複数ページの閲覧に繋がる場合もあります。ボタンやバナーを設置して誘導するようにしましょう。

●スマートフォン表示対応する

スマートフォンからアクセスすると、パソコン版表示が見にくく感じられることがあります。スマートフォン表示を適切にすることで、モバイルユーザーの直帰率を下げることができます。

まとめ

直帰率は、一般的に数値が低い方がよいとされていますが、中には数値が高い方がよいケースもあります。Webサイトやページの特性に応じて、判断するようにしましょう。

Section 31 平均ページ滞在時間を調べよう

平均ページ滞在時間は、1ページあたり、どのぐらい滞在したかを「時間」で表示した数値です。ここでは、平均ページ滞在時間の調べ方と改善方法を解説します。

平均ページ滞在時間を確認しよう

平均ページ滞在時間は、「ページ」の画面（P.110参照）で確認できます。「平均ページ滞在時間」の項目をクリックすることで1、表示順を変更できます。

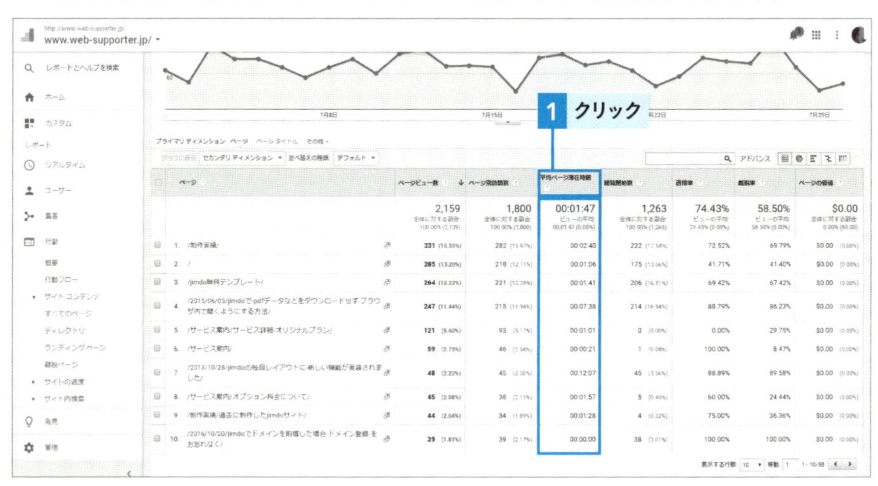

平均ページ滞在時間と平均セッション時間の違い

「平均セッション時間」は、1ユーザーあたり、どのぐらいWebサイトに滞在したかを測る指針です。一方「平均ページ滞在時間」は1ページあたり、どのぐらい滞在しているかを計測した数値です。どのページが、興味持って閲覧されているかを把握することができます。

代表的な改善方法を知ろう

平均ページ滞在時間が長ければ、そのページは興味を持って閲覧されていると判断できます。ただし、もともと情報の少ないページであれば、平均ページ滞在時間が短くなることが考えられます。日本人の1分間の平均的な読書速度は400～500字です。もし、同程度の文字数で1分を切っている、あるいは極端に滞在時間が短い場合は、何かしらの改善が必要になるでしょう。

●検索から流入したが、予想していた内容と違っていた

平均ページ滞在時間が極端に短い場合、たとえば、「商品Aの使い方を検索で探しアクセスしたが、表示されたページには商品Aの値段や納期、商品名の由来しか掲載していなかった」というようなケースが考えられます。この場合、商品Aの使い方ページに書き換える、あるいは使い方ページへ誘導することで、ミスマッチを改善することができます。該当ページに何のキーワードで検索して来るのかを予想し、検索結果を確認しましょう。自サイトのページをクリックして、検索結果表示と内容にミスマッチがないかを検証しましょう。

●文字が中心で、何のページかはっきりしない場合

Webサイトの閲覧者は、1～2秒で何のページかどうかを判断して読むかどうかを決めます。もし、該当ページが文字ばかりで、一瞬で何のページか判断しにくい場合には、画像を追加する、キャッチコピーを大きくして、伝わりやすくするなどの工夫をしてみてください。

●文字数や情報量が少なすぎる場合

ページの文字数が情報量が少なすぎて、滞在時間が短くなるケースがあります。文字が少なくても、内容が過不足なく伝わるページであればよいのですが、情報自体が不足している場合は、文字数を増やす、写真や図を入れてわかりやすくするなどの対策をしましょう。

まとめ

平均ページ滞在時間を知ることで、ページ自体の問題点が見えてきます。最後までしっかり閲覧されているかどうかの指針になりますので、把握しておきましょう。

Section 32 直帰率&平均ページ滞在時間からわかること

ここまで直帰率と平均ページ滞在時間を分けて解説しましたが、ここでは合わせてどんなことが考えられるか、両方の指標からわかることを4つのケースを例に説明します。

直帰率と平均ページ滞在時間を合わせて見よう

直帰率と平均ページ滞在時間を個別に見るほか、これらの指標をかけ合わせることで、見えてくる事柄があります。「直帰率が高く平均ページ滞在時間も長い場合」「直帰率が低く平均ページ滞在時間が短い場合」「直帰率が高く平均ページ滞在時間が短い場合」「直帰率が低く平均ページ滞在時間が長い場合」の4つのケースを例に、詳しく解説します。

直帰率&平均ページ滞在時間は、「行動」の「ページ」で確認できます（P.112手順②参照）。平均ページ滞在時間や直帰率をクリックすると、昇降順を変えることができるので、適宜見やすい順序で表示させましょう。

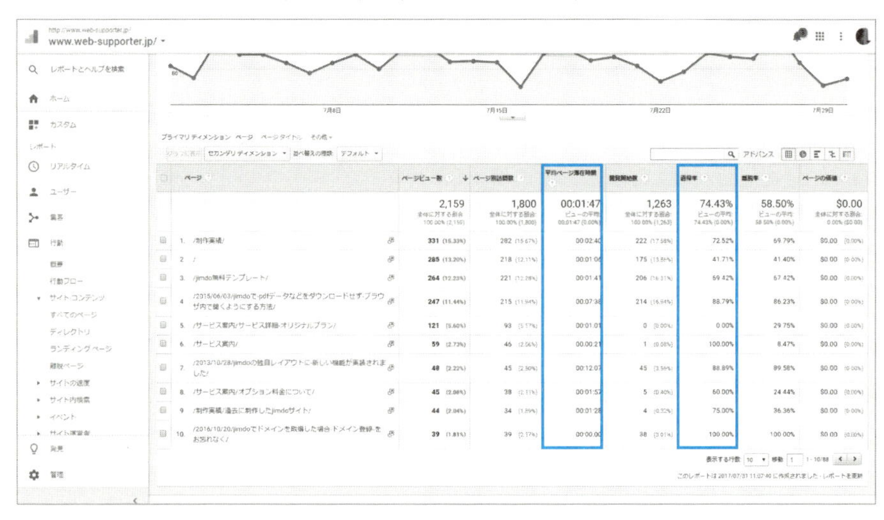

	ページ	ページビュー数	ページ別訪問数	平均ページ滞在時間	閲覧開始数	直帰率	離脱率	ページの価値
		2,159	1,800	00:01:47	1,263	74.43%	58.50%	$0.00
1.	/制作実績/	331 (15.33%)	282 (15.67%)	00:02:40	222 (17.58%)	72.52%	69.79%	$0.00 (0.00%)
2.	/	285 (13.20%)	218 (12.11%)	00:01:06	175 (13.86%)	41.71%	41.40%	$0.00 (0.00%)
3.	/jimdo無料テンプレート/	264 (12.23%)	221 (12.28%)	00:01:41	206 (16.31%)	69.42%	67.42%	$0.00 (0.00%)
4.	/2015/06/03/jimdoで-pdfデータなどをダウンロードせず-ブラウザ内で開くようにする方法/	247 (11.44%)	215 (11.94%)	00:07:38	214 (16.94%)	88.79%	86.23%	$0.00 (0.00%)
5.	/サービス案内/サービス詳細-オリジナルプラン/	121 (5.60%)	93 (5.17%)	00:01:01	0 (0.00%)	0.00%	29.75%	$0.00 (0.00%)
6.	/サービス案内/	59 (2.73%)	46 (2.56%)	00:00:21	1 (0.08%)	100.00%	8.47%	$0.00 (0.00%)
7.	/2013/10/28/jimdoの独自レイアウトに-新しい機能が実装されました/	48 (2.22%)	45 (2.50%)	00:12:07	45 (3.56%)	88.89%	89.58%	$0.00 (0.00%)
8.	/サービス案内/オプション料金について/	45 (2.08%)	38 (2.11%)	00:01:57	5 (0.40%)	60.00%	24.44%	$0.00 (0.00%)
9.	/制作実績/過去に制作したjimdoサイト/	44 (2.04%)	34 (1.89%)	00:01:28	4 (0.32%)	75.00%	36.36%	$0.00 (0.00%)
10.	/2016/10/20/jimdoでドメインを取得した場合-ドメイン登録-をお忘れなく/	39 (1.81%)	39 (2.17%)	00:00:00	38 (3.01%)	100.00%	100.00%	$0.00 (0.00%)

直帰率が高く平均ページ滞在時間が長い場合

直帰率が高く滞在時間が長いページは、ブログやランディングページに多く見られます。検索エンジンや広告経由でたどり着き、1ページだけで満足してWebサイトを離脱するケースが考えられます。この場合、じっくり読んでもらいたいページが1ページだけなのであれば、特に大きな問題はありません。そうではない場合は、何かしらの改善が必要になります。

	ページ	ページビュー数	ページ別訪問数	平均ページ滞在時間 ↓	閲覧開始数	直帰率	離脱率	ページの価値
		2,159 全体に対する割合: 100.00% (2,159)	1,800 全体に対する割合: 100.00% (1,800)	00:01:47 ビューの平均: 00:01:47 (0.00%)	1,263 全体に対する割合: 100.00% (1,263)	74.43% ビューの平均: 74.43% (0.00%)	58.50% ビューの平均: 58.50% (0.00%)	$0.00 全体に対する割合: 0.00% ($0.00)
1.	/2011/11/02/中国語サイトへの対応について-jimdojp/	7 (0.32%)	6 (0.33%)	00:12:52	6 (0.48%)	83.33%	85.71%	$0.00 (0.00%)
2.	/2013/10/28/jimdoの独自レイアウトに-新しい機能が実装されました/	48 (2.22%)	45 (2.50%)	00:12:07	45 (3.56%)	88.89%	89.58%	$0.00 (0.00%)
3.	/2014/10/16/制作実績-東池袋法律事務所/	2 (0.09%)	1 (0.06%)	00:12:00	1 (0.08%)	0.00%	50.00%	$0.00 (0.00%)
4.	/sitemap/	4 (0.19%)	3 (0.17%)	00:11:17	3 (0.24%)	66.67%	50.00%	$0.00 (0.00%)
5.	/2011/03/26/jimdoのココがすごい-9-rssフィード/	17 (0.79%)	15 (0.83%)	00:09:53	15 (1.19%)	80.00%	82.35%	$0.00 (0.00%)
6.	/j/shop/terms	2 (0.09%)	2 (0.11%)	00:09:11	0 (0.00%)	0.00%	0.00%	$0.00 (0.00%)
7.	/2015/06/03/jimdoで-pdfデータなどをダウンロードせず-ブラウザ内で開くようにする方法/	247 (11.44%)	215 (11.94%)	00:07:38	214 (16.94%)	88.79%	86.23%	$0.00 (0.00%)
8.	/2013/02/20/jimdo-1つのブラウザで複数サイトのログインが可能になっていました/	14 (0.65%)	13 (0.72%)	00:06:09	12 (0.95%)	75.00%	78.57%	$0.00 (0.00%)
9.	/2014/12/20/jimdoを編集中に何度もエラーが出てしまう場合の対処方法/	5 (0.23%)	5 (0.28%)	00:05:46	5 (0.40%)	80.00%	80.00%	$0.00 (0.00%)
10.	/jimdo無料テンプレート/jimdo無料テンプレート使用方法/	14 (0.65%)	12 (0.67%)	00:04:32	6 (0.48%)	66.67%	50.00%	$0.00 (0.00%)

表示する行数 10 移動 1 1-10/88

直帰率が低く平均ページ滞在時間が短い場合

直帰率が低く、平均滞在時間が短い場合は、Webサイト自体には興味はあるものの、じっくり読まずに、パパッと何ページか閲覧して離脱するというケースが考えられます。閲覧する側に、時間がないときにこうした数値になることはありますが、どのページも似たような傾向になる場合には、何かしらの対策が必要になるでしょう。

	ページ	ページビュー数	ページ別訪問数	平均ページ滞在時間 ↓	閲覧開始数	直帰率	離脱率	ページの価値
		2,159 全体に対する割合: 100.00% (2,159)	1,800 全体に対する割合: 100.00% (1,800)	00:01:47 ビューの平均: 00:01:47 (0.00%)	1,263 全体に対する割合: 100.00% (1,263)	74.43% ビューの平均: 74.43% (0.00%)	58.50% ビューの平均: 58.50% (0.00%)	$0.00 全体に対する割合: 0.00% ($0.00)
1.	/2011/11/02/中国語サイトへの対応について-jimdojp/	7 (0.32%)	6 (0.33%)	00:12:52	6 (0.48%)	83.33%	85.71%	$0.00 (0.00%)
2.	/2013/10/28/jimdoの独自レイアウトに-新しい機能が実装されました/	48 (2.22%)	45 (2.50%)	00:12:07	45 (3.56%)	88.89%	89.58%	$0.00 (0.00%)
3.	/2014/10/16/制作実績-東池袋法律事務所/	2 (0.09%)	1 (0.06%)	00:12:00	1 (0.08%)	0.00%	50.00%	$0.00 (0.00%)
4.	/sitemap/	4 (0.19%)	3 (0.17%)	00:11:17	3 (0.24%)	66.67%	50.00%	$0.00 (0.00%)
5.	/2011/03/26/jimdoのココがすごい-9-rssフィード/	17 (0.79%)	15 (0.83%)	00:09:53	15 (1.19%)	80.00%	82.35%	$0.00 (0.00%)
6.	/j/shop/terms	2 (0.09%)	2 (0.11%)	00:09:11	0 (0.00%)	0.00%	0.00%	$0.00 (0.00%)
7.	/2015/06/03/jimdoで-pdfデータなどをダウンロードせず-ブラウザ内で開くようにする方法/	247 (11.44%)	215 (11.94%)	00:07:38	214 (16.94%)	88.79%	86.23%	$0.00 (0.00%)
8.	/2013/02/20/jimdo-1つのブラウザで複数サイトのログインが可能になっていました/	14 (0.65%)	13 (0.72%)	00:06:09	12 (0.95%)	75.00%	78.57%	$0.00 (0.00%)
9.	/2014/12/20/jimdoを編集中に何度もエラーが出てしまう場合の対処方法/	5 (0.23%)	5 (0.28%)	00:05:46	5 (0.40%)	80.00%	80.00%	$0.00 (0.00%)
10.	/jimdo無料テンプレート/jimdo無料テンプレート使用方法/	14 (0.65%)	12 (0.67%)	00:04:32	6 (0.48%)	66.67%	50.00%	$0.00 (0.00%)

表示する行数 10 移動 1 1-10/88

直帰率が高く平均ページ滞在時間が短い場合

直帰率が高く平均ページ滞在時間が短い場合は、閲覧者が興味を持っておらず、かつページにも有益な内容がないと判断されている可能性が高いです。この場合、よほど特殊な目的のページ以外は、何かしらの対策をする必要があります。

グラフに表示　セカンダリディメンション ▼　並べ替えの種類: デフォルト ▼　アドバンス

	ページタイトル	ページビュー数 ↓	ページ別訪問数	平均ページ滞在時間	閲覧開始数	直帰率	離脱率	ページの価値
		2,159 全体に対する割合: 100.00% (2,159)	1,800 全体に対する割合: 100.00% (1,800)	00:01:47 ビューの平均: 00:01:47 (0.00%)	1,263 全体に対する割合: 100.00% (1,263)	74.43% ビューの平均: 74.43% (0.00%)	58.50% ビューの平均: 58.50% (0.00%)	$0.00 全体に対する割合: 0.00% ($0.00)
1.	制作実績 - 【プロが作る】Jimdo制作・デザイン	332 (15.38%)	283 (15.72%)	00:02:40	223 (17.66%)	72.65%	69.88%	$0.00 (0.00%)
2.	ホーム - 【プロが作る】Jimdo制作・デザイン	285 (13.20%)	218 (12.11%)	00:01:06	175 (13.86%)	41.71%	41.40%	$0.00 (0.00%)
3.	Jimdo無料テンプレート - 【プロが作る】Jimdo制作・デザイン	264 (12.23%)	221 (12.28%)	00:01:41	206 (16.31%)	69.42%	67.42%	$0.00 (0.00%)
4.	Jimdoで、PDFデータなどをダウンロードせず、ブラウザ内で開くようにする方法 - 【プロが作る】Jimdo制作・デザイン	247 (11.44%)	215 (11.94%)	00:07:38	214 (16.94%)	88.79%	86.23%	$0.00 (0.00%)
5.	サービス詳細-オリジナルプラン - 【プロが作る】Jimdo制作・デザイン	120 (5.56%)	92 (5.11%)	00:01:01	0 (0.00%)	0.00%	29.17%	$0.00 (0.00%)
6.	サービス案内 - 【プロが作る】Jimdo制作・デザイン	59 (2.73%)	46 (2.56%)	00:00:21	1 (0.08%)	100.00%	8.47%	$0.00 (0.00%)
7.	Jimdoの独自レイアウトに、新しい機能が実装されました。 - 【プロが作る】Jimdo制作・デザイン	48 (2.22%)	45 (2.50%)	00:12:07	45 (3.56%)	88.89%	89.58%	$0.00 (0.00%)
8.	オプション料金について - 【プロが作る】Jimdo制作・デザイン	45 (2.08%)	38 (2.11%)	00:01:57	5 (0.40%)	60.00%	24.44%	$0.00 (0.00%)
9.	お問い合わせ・資料請求 - 【プロが作る】Jimdo制作・デザイン	44 (2.04%)	32 (1.78%)	00:02:26	4 (0.32%)	75.00%	25.00%	$0.00 (0.00%)
10.	過去に制作したJimdoサイト - 【プロが作る】Jimdo制作・デザイン	44 (2.04%)	34 (1.89%)	00:01:28	4 (0.32%)	75.00%	36.36%	$0.00 (0.00%)

表示する行数: 10 ▼　移動: 1　1 - 10/84

直帰率が低く平均ページ滞在時間が長い場合

直帰率が低く平均ページ滞在時間が長い場合は、ページ自体もよく読まれているし、他のページも合わせて見ているケースと考えられるため、4つのケースの中では最も理想的な数字といえるでしょう。ただし、お問い合わせページなどで、この状況が発生した場合は、何かしらの改善が必要になる場合があります。

グラフに表示　セカンダリディメンション ▼　並べ替えの種類: デフォルト ▼　アドバンス

	ページタイトル	ページビュー数 ↓	ページ別訪問数	平均ページ滞在時間	閲覧開始数	直帰率	離脱率	ページの価値
		2,159 全体に対する割合: 100.00% (2,159)	1,800 全体に対する割合: 100.00% (1,800)	00:01:47 ビューの平均: 00:01:47 (0.00%)	1,263 全体に対する割合: 100.00% (1,263)	74.43% ビューの平均: 74.43% (0.00%)	58.50% ビューの平均: 58.50% (0.00%)	$0.00 全体に対する割合: 0.00% ($0.00)
1.	制作実績 - 【プロが作る】Jimdo制作・デザイン	332 (15.38%)	283 (15.72%)	00:02:40	223 (17.66%)	72.65%	69.88%	$0.00 (0.00%)
2.	ホーム - 【プロが作る】Jimdo制作・デザイン	285 (13.20%)	218 (12.11%)	00:01:06	175 (13.86%)	41.71%	41.40%	$0.00 (0.00%)
3.	Jimdo無料テンプレート - 【プロが作る】Jimdo制作・デザイン	264 (12.23%)	221 (12.28%)	00:01:41	206 (16.31%)	69.42%	67.42%	$0.00 (0.00%)
4.	Jimdoで、PDFデータなどをダウンロードせず、ブラウザ内で開くようにする方法 - 【プロが作る】Jimdo制作・デザイン	247 (11.44%)	215 (11.94%)	00:07:38	214 (16.94%)	88.79%	86.23%	$0.00 (0.00%)
5.	サービス詳細-オリジナルプラン - 【プロが作る】Jimdo制作・デザイン	120 (5.56%)	92 (5.11%)	00:01:01	0 (0.00%)	0.00%	29.17%	$0.00 (0.00%)
6.	サービス案内 - 【プロが作る】Jimdo制作・デザイン	59 (2.73%)	46 (2.56%)	00:00:21	1 (0.08%)	100.00%	8.47%	$0.00 (0.00%)
7.	Jimdoの独自レイアウトに、新しい機能が実装されました。 - 【プロが作る】Jimdo制作・デザイン	48 (2.22%)	45 (2.50%)	00:12:07	45 (3.56%)	88.89%	89.58%	$0.00 (0.00%)
8.	オプション料金について - 【プロが作る】Jimdo制作・デザイン	45 (2.08%)	38 (2.11%)	00:01:57	5 (0.40%)	60.00%	24.44%	$0.00 (0.00%)
9.	お問い合わせ・資料請求 - 【プロが作る】Jimdo制作・デザイン	44 (2.04%)	32 (1.78%)	00:02:26	4 (0.32%)	75.00%	25.00%	$0.00 (0.00%)
10.	過去に制作したJimdoサイト - 【プロが作る】Jimdo制作・デザイン	44 (2.04%)	34 (1.89%)	00:01:28	4 (0.32%)	75.00%	36.36%	$0.00 (0.00%)

表示する行数: 10 ▼　移動: 1　1 - 10/84

代表的な改善例を知ろう

直帰率と平均ページ滞在時間をかけ合わせることで、さらに詳しい分析ができることを解説してきました。状況によっては、改善の必要がない場合もありますが、もし何かしらの対策が必要になったときは、以下の改善例を参考にしてください。

●直帰率が高く平均ページ滞在時間も長い

平均ページ滞在時間は問題なし、直帰率の改善が必要と判断した場合は、関連ページへのリンクを貼る、バナーを貼って他コーナーへの誘導導線を作るなどの対策をします。複数ページを閲覧させる仕掛けをしましょう。

●直帰率が低く平均ページ滞在時間が短い

直帰率は問題なし、平均ページ滞在時間の改善が必要と判断した場合は、各ページの情報量を増やすなど、ページを見やすくするなど、1ページに滞在する時間を長くするための改善をおこないます。

●直帰率が高く平均ページ滞在時間が短い

このケースでは、直帰率・平均ページ滞在時間の両面から改善が必要と考えられます。上述した改善点を参考に、対策をおこなってください。

●直帰率が低く平均ページ滞在時間が長い

このケースでは、通常ページ自体の改善の必要性はないと判断します。このようなページを更に増やすようにしましょう。

直帰率と平均ページ滞在時間、2つの指標をかけ合わせることで、より詳しいデータを分析することができます。改善が必要か否かも同時に見えてきます。何かしらの対策が必要と判断した場合には、改善例を参考に取り組んでみてください。

Section 33 どのページで離脱されているのかを調べよう

Webサイトには「入口」と「出口」があります。「離脱率」を分析することで、自サイトの「出口」を知ることができます。

離脱率で離脱ページを調べよう

Webサイトへ訪問した閲覧者が、最後に見たページを「離脱ページ」と呼びます。Googleアナリティクスには、「離脱」した割合を示す「離脱率」の指標が用意されており、この指標を確認することで、どのページが離脱ページになっているかを測定できます。

① サイドメニューで「行動」の「概要」をクリックし、「ページ」欄の「ページタイトル」をクリックします1。

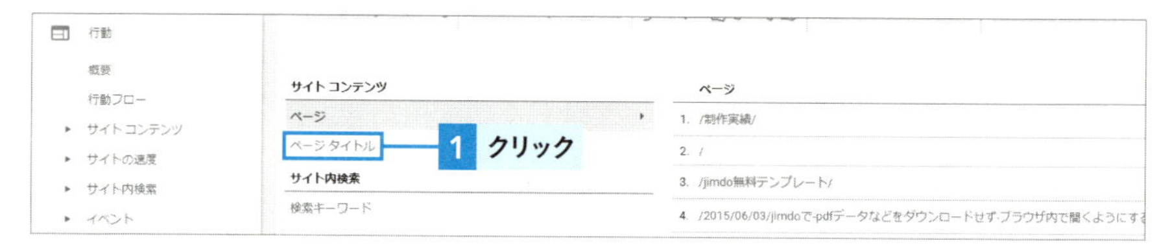

② 画面の右側が切り替わりました。さらに詳しい状況を表示したい場合は、右下の「レポート全体を見る」をクリックします1。

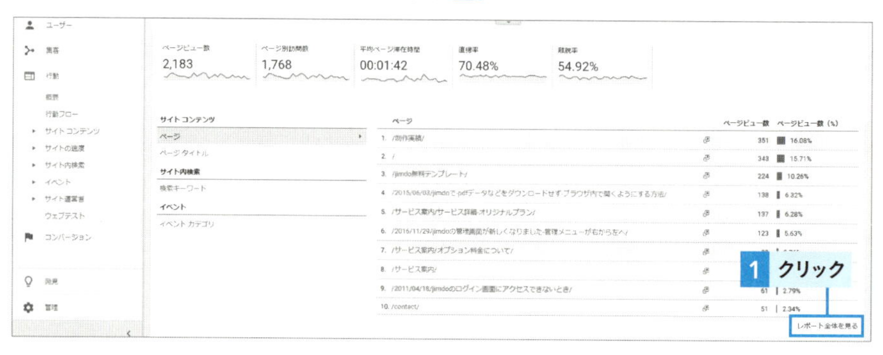

離脱ページの一覧を確認しよう

「離脱率」の項目では、一番上が離脱率の平均値、その下にページごとの離脱率が表示されています。どのページが別のWebサイトへ移動する、あるいは、ブラウザを閉じてしまった最後のページなのかを、離脱率順に表示することで確認することができます。

① レポート全体を表示させる場合は、右下の「表示する行数」を変更します 1。

② 「離脱率」をクリックすると、数値が多い順に表示させることができます 1。

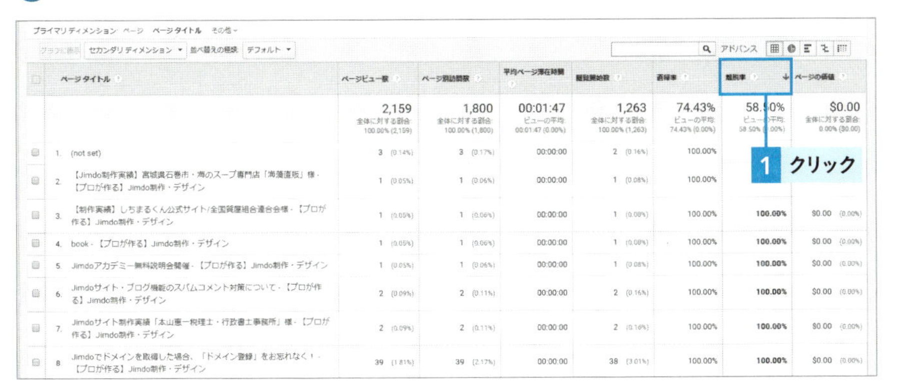

離脱率の高いページを確認しよう

離脱率の高いページだけでなく、低いページも確認してみましょう。並べ替えは、項目名をクリックするだけで簡単にできます。

① P.123の操作で離脱率の数値が高い順に表示できます。再度「離脱率」をクリックします 1 。

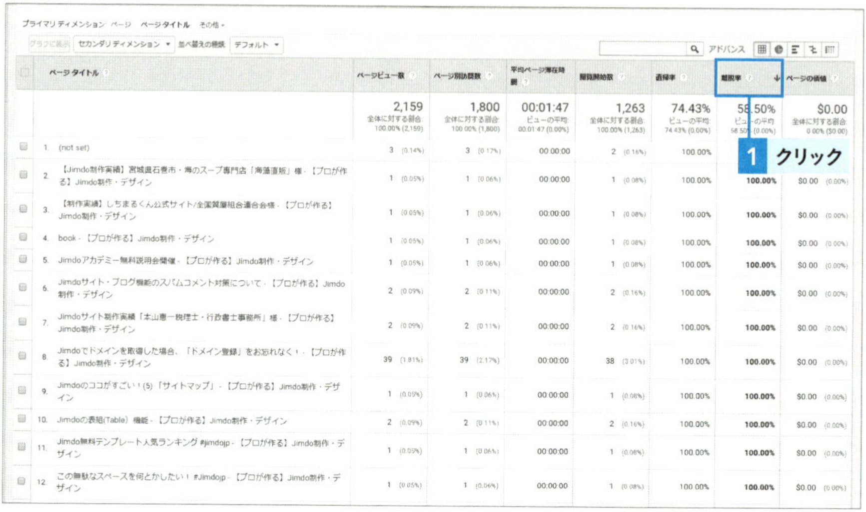

プライマリディメンション: ページ　ページタイトル　その他

グラフに表示　セカンダリディメンション　並べ替えの種類: デフォルト　アドバンス

	ページタイトル	ページビュー数	ページ別訪問数	平均ページ滞在時間	閲覧開始数	直帰率	離脱率	ページの価値
		2,159 全体に対する割合: 100.00% (2,159)	1,800 全体に対する割合: 100.00% (1,800)	00:01:47 ビューの平均: 00:01:47 (0.00%)	1,263 全体に対する割合: 100.00% (1,263)	74.43% ビューの平均: 74.43% (0.00%)	58.50% ビューの平均: 58.50% (0.00%)	$0.00 全体に対する割合: 0.00% ($0.00)
1.	(not set)	3 (0.14%)	3 (0.17%)	00:00:00	2 (0.16%)	100.00%		
2.	【Jimdo制作実績】宮城県石巻市・海のスープ専門店「海藻直販」様 - 【プロが作る】Jimdo制作・デザイン	1 (0.05%)	1 (0.06%)	00:00:00	1 (0.08%)	100.00%	100.00%	$0.00 (0.00%)
3.	【制作実績】しちまるくん公式サイト/全国賃貸住宅組合連合会様 - 【プロが作る】Jimdo制作・デザイン	1 (0.05%)	1 (0.06%)	00:00:00	1 (0.08%)	100.00%	100.00%	$0.00 (0.00%)
4.	book - 【プロが作る】Jimdo制作・デザイン	1 (0.05%)	1 (0.06%)	00:00:00	1 (0.08%)	100.00%	100.00%	$0.00 (0.00%)
5.	Jimdoアカデミー無料説明会開催 - 【プロが作る】Jimdo制作・デザイン	1 (0.05%)	1 (0.06%)	00:00:00	1 (0.08%)	100.00%	100.00%	$0.00 (0.00%)
6.	Jimdoサイト・ブログ機能のスパムコメント対策について - 【プロが作る】Jimdo制作・デザイン	2 (0.09%)	2 (0.11%)	00:00:00	2 (0.16%)	100.00%	100.00%	$0.00 (0.00%)
7.	Jimdoサイト制作実績「本山恵一税理士・行政書士事務所」様 - 【プロが作る】Jimdo制作・デザイン	2 (0.09%)	2 (0.11%)	00:00:00	2 (0.16%)	100.00%	100.00%	$0.00 (0.00%)
8.	Jimdoでドメインを取得した場合、「ドメイン登録」をお忘れなく！ - 【プロが作る】Jimdo制作・デザイン	39 (1.81%)	39 (2.17%)	00:00:00	38 (3.01%)	100.00%	100.00%	$0.00 (0.00%)
9.	Jimdoのココがすごい！(5)「サイトマップ」 - 【プロが作る】Jimdo制作・デザイン	1 (0.05%)	1 (0.06%)	00:00:00	1 (0.08%)	100.00%	100.00%	$0.00 (0.00%)
10.	Jimdoの表組(Table) 機能 - 【プロが作る】Jimdo制作・デザイン	2 (0.09%)	2 (0.11%)	00:00:00	2 (0.16%)	100.00%	100.00%	$0.00 (0.00%)
11.	Jimdo無料テンプレート人気ランキング #jimdojp - 【プロが作る】Jimdo制作・デザイン	1 (0.05%)	1 (0.06%)	00:00:00	1 (0.08%)	100.00%	100.00%	$0.00 (0.00%)
12.	この無駄なスペースを何とかしたい！ #Jimdojp - 【プロが作る】Jimdo制作・デザイン	1 (0.05%)	1 (0.06%)	00:00:00	1 (0.08%)	100.00%	100.00%	$0.00 (0.00%)

1 クリック

② 離脱率の数値が低い順に表示されます。

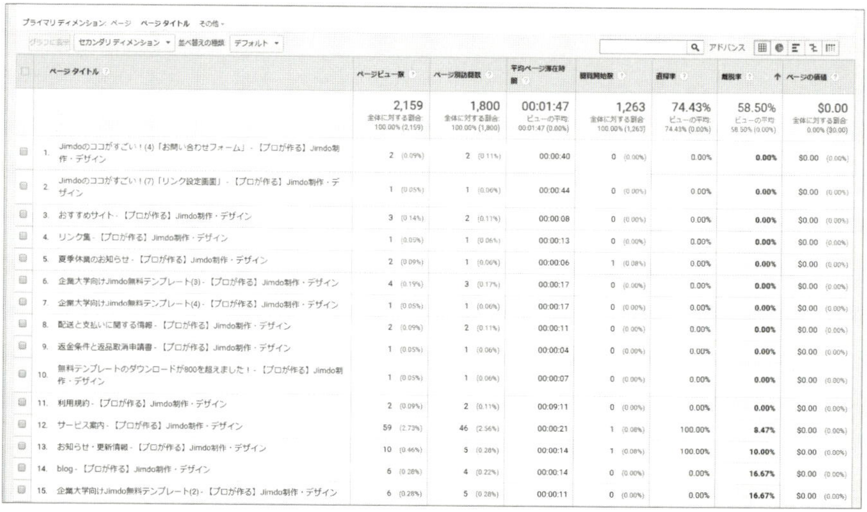

プライマリディメンション: ページ　ページタイトル　その他

グラフに表示　セカンダリディメンション　並べ替えの種類: デフォルト　アドバンス

	ページタイトル	ページビュー数	ページ別訪問数	平均ページ滞在時間	閲覧開始数	直帰率	離脱率	ページの価値
		2,159 全体に対する割合: 100.00% (2,159)	1,800 全体に対する割合: 100.00% (1,800)	00:01:47 ビューの平均: 00:01:47 (0.00%)	1,263 全体に対する割合: 100.00% (1,263)	74.43% ビューの平均: 74.43% (0.00%)	58.50% ビューの平均: 58.50% (0.00%)	$0.00 全体に対する割合: 0.00% ($0.00)
1.	Jimdoのココがすごい！(4)「お問い合わせフォーム」 - 【プロが作る】Jimdo制作・デザイン	2 (0.09%)	2 (0.11%)	00:00:40	0 (0.00%)	0.00%	0.00%	$0.00 (0.00%)
2.	Jimdoのココがすごい！(7)「リンク設定画面」 - 【プロが作る】Jimdo制作・デザイン	1 (0.05%)	1 (0.06%)	00:00:44	0 (0.00%)	0.00%	0.00%	$0.00 (0.00%)
3.	おすすめサイト - 【プロが作る】Jimdo制作・デザイン	3 (0.14%)	2 (0.11%)	00:00:08	0 (0.00%)	0.00%	0.00%	$0.00 (0.00%)
4.	リンク集 - 【プロが作る】Jimdo制作・デザイン	1 (0.05%)	1 (0.06%)	00:00:13	0 (0.00%)	0.00%	0.00%	$0.00 (0.00%)
5.	夏季休業のお知らせ - 【プロが作る】Jimdo制作・デザイン	2 (0.09%)	1 (0.06%)	00:00:06	1 (0.08%)	0.00%	0.00%	$0.00 (0.00%)
6.	企業大学向けJimdo無料テンプレート(3) - 【プロが作る】Jimdo制作・デザイン	4 (0.19%)	3 (0.17%)	00:00:17	0 (0.00%)	0.00%	0.00%	$0.00 (0.00%)
7.	企業大学向けJimdo無料テンプレート(4) - 【プロが作る】Jimdo制作・デザイン	1 (0.05%)	1 (0.06%)	00:00:17	0 (0.00%)	0.00%	0.00%	$0.00 (0.00%)
8.	配送と支払いに関する情報 - 【プロが作る】Jimdo制作・デザイン	2 (0.09%)	2 (0.11%)	00:00:11	0 (0.00%)	0.00%	0.00%	$0.00 (0.00%)
9.	返金条件と返品取消申請書 - 【プロが作る】Jimdo制作・デザイン	1 (0.05%)	1 (0.06%)	00:00:04	0 (0.00%)	0.00%	0.00%	$0.00 (0.00%)
10.	無料テンプレートのダウンロードが800を超えました！ - 【プロが作る】Jimdo制作・デザイン	1 (0.05%)	1 (0.06%)	00:00:07	0 (0.00%)	0.00%	0.00%	$0.00 (0.00%)
11.	利用規約 - 【プロが作る】Jimdo制作・デザイン	2 (0.09%)	2 (0.11%)	00:09:11	0 (0.00%)	0.00%	0.00%	$0.00 (0.00%)
12.	サービス案内 - 【プロが作る】Jimdo制作・デザイン	59 (2.73%)	46 (2.56%)	00:00:21	1 (0.08%)	100.00%	8.47%	$0.00 (0.00%)
13.	お知らせ・更新情報 - 【プロが作る】Jimdo制作・デザイン	10 (0.46%)	5 (0.28%)	00:00:14	1 (0.08%)	100.00%	10.00%	$0.00 (0.00%)
14.	blog - 【プロが作る】Jimdo制作・デザイン	6 (0.28%)	4 (0.22%)	00:00:14	0 (0.00%)	0.00%	16.67%	$0.00 (0.00%)
15.	企業大学向けJimdo無料テンプレート(2) - 【プロが作る】Jimdo制作・デザイン	6 (0.28%)	5 (0.28%)	00:00:11	0 (0.00%)	0.00%	16.67%	$0.00 (0.00%)

代表的な改善方法を知ろう

離脱率は、閲覧者が離脱している、つまりそのページを最後に、別のWebサイトへ移動する、あるいは、ブラウザを閉じてしまったかのどちらかを示しています。このことから、数値が高いと何かしらの改善が必要であると考えるのは、早計です。

お問い合わせページやショッピングカートのページは、離脱率が高い方がよいですし、よくある質問のように、ピンポイントで知りたい情報を得て、別のWebサイトに移動してしまうようなケースでも同様です。よく閲覧するWebサイトの「新着情報」だけ閲覧して、離脱する場合もあるでしょう。こうしたケースでは、すぐに改善が必要ということにはなりません。ただし、以下のケースに当てはまる場合は、何かしらの改善策を打った方がよいでしょう。

●直帰率も離脱率ともに平均値が高い

直帰率、離脱率ともに平均の数値が高い場合、Webサイトの中がほとんど巡回されず1ページだけで帰ってしまうユーザーが多い状況であると考えられます。

原因としては、内容に興味を持ってもらえていない、別のページに行く導線がないなどがあげられるでしょう。ユーザーが読みたいと思うコンテンツをしっかり作る、関連ページへのリンクを貼る、コンバージョンのページへ誘導するボタンやバナーなどを設置することで、改善します。「直帰率」の代表的な改善も参考にしてください。

●お問い合わせページの離脱数と実際の問い合わせ数が乖離している

お問い合わせページで離脱している数値と、実際の問い合わせ数がかけ離れている場合は、お問い合わせフォームの項目が多い、エラーが出て入力が進まないなどのトラブルが考えられます。この場合は、入力項目を減らすなどの改善をします。

まとめ

離脱率が高いからといって、必ずしもページの改善が必要であるとは限りません。各ページごとの役割を考えながら、必要に応じて改善案を検討します。

Section 34

ページの表示速度を調べよう

Googleは検索順位を決めるアルゴリズムの1つにページ表示速度を加えています。ここでは、Googleアナリティクスを使って、ページの表示速度を調べる方法について解説します。

ページの表示速度を表示しよう

ページの読み込み速度が遅いと、ユーザーが離脱してしまう一因になります。スマートフォンやタブレット端末で閲覧したり、あるいはインターネットの回線品質がよくない環境で閲覧する場合、その傾向は顕著です。
ユーザーの約50%が2秒以内のページ表示を期待し、読み込みに3秒以上かかるページでは40%のユーザーが離脱するという調査もあります。
つまり、ページの表示速度は、コンバージョンにも影響する重要な指標なのです。詳しいデータを表示させ、分析してみましょう。

①サイドメニューで「行動」>「サイトの速度」>「ページ速度」をクリックします1。

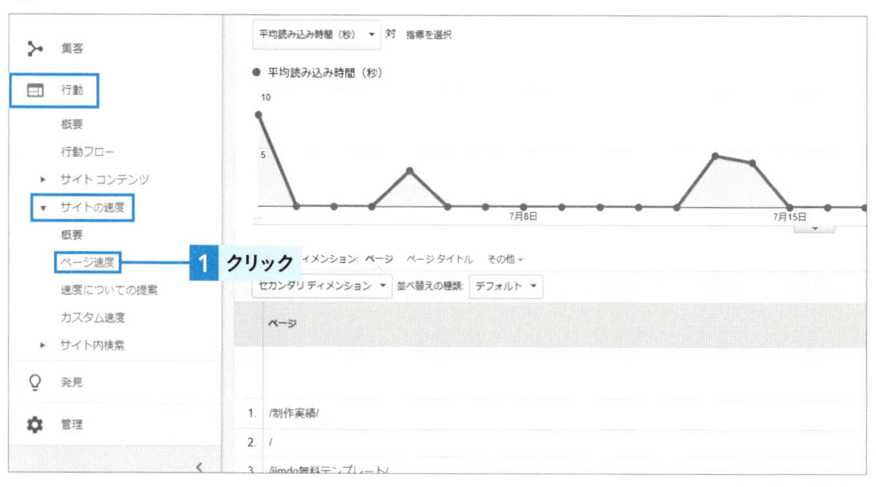

② ページ速度の一覧が表示されます。ページビュー数の多い順に並んでいます。右下の「表示する行数」を変更することで、表示件数を増やすことができます。

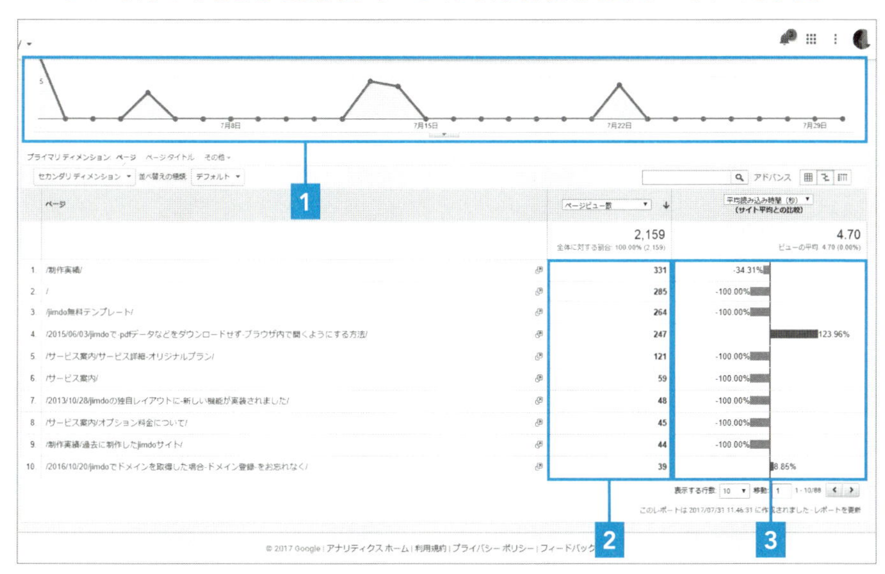

1 グラフ

平均読み込み時間（秒）をグラフ化したデータが表示されています。

2 ページビュー数

初期状態では、ページビュー数ごとに並んでいますが、プルダウンメニューを使うことで、表示順を変更することができます。変更できる項目は「平均読み込み時間（秒）」「ページビュー数」「直帰率」「離脱率」「ページの価値」の5種類です。

3 平均読み込み時間（秒）

緑と赤の棒グラフで表示されているこの項目は、Webサイト全体の平均読み込み時間との比較が表示されています。緑は、サイト平均と同じかあるいは速く表示されるページ、赤はサイト平均より時間がかかるページです。つまり、赤の表示になっているページは、何かしらの改善が必要であると分析できます。

速度についての提案を使ってみよう

「サイトの速度」では「速度についての提案」機能がついています。どこに問題があるのかGoogleアナリティクスで分析した結果が詳しく表示されますので、使ってみましょう。

① P.126手順①の画面で「速度についての提案」をクリックします1。

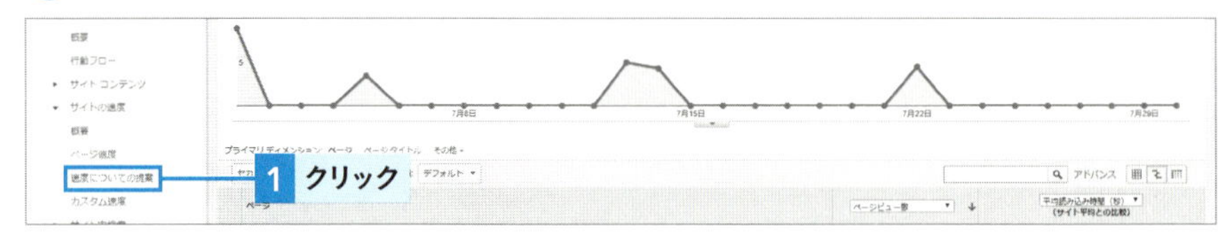

② 「PageSpeedの提案」に改善点の個数が表示されるので、いずれかの項目をクリックします1。

③ 「PageSpeed Insights」画面が表示され、分析が始まります。分析が完了すると以下のページが表示されます。点数が表示され、ページの下に改善点が表示されます。「Poor」は改善が必要なページです。タブを切り替えることで、モバイルかパソコンを選択できます。

代表的な改善例を知ろう

前ページの「PageSpeed Insights」を使うことで、ページの改善点が見えてきます。この中で、特に注意しておきたい改善点をピックアップして解説します。
中には、専門家でないと技術的な対応が難しい項目も含まれています。その場合はWeb制作会社などに相談しましょう。

●画像の数を減らす

ページの表示で時間がかかるのは、画像の読み込みというケースは少なくありません。画像の個数を減らすことで、表示速度を改善することができます。

●画像を軽量化する

画像一枚一枚のファイルサイズを圧縮したり、画像の形式を変更することで、表示速度を改善することができます。余白を削除する、大きさを小さくする、画像圧縮ツールを使用するなどが考えられます。画像圧縮ツールとしては以下のものがあります。いずれも英語版ですが、「PageSpeed Insights」内で紹介されているツールです。画像の品質に影響を与えず、軽量化できます。

・JPEGclub.org（http://jpegclub.org/）
・OptiPNG（http://optipng.sourceforge.net/）
・PNGOUT（http://www.advsys.net/ken/util/pngout.htm）

●HTML／CSS／Javascriptのファイルを圧縮する

余分なスペース、改行、インデントなどの不要な文字を取り除くことで、HTML、CSS、Javascriptを圧縮します。

ページの表示速度が遅いと、ユーザーが離脱する一因になってしまいます。ページ速度の指標を把握し、「速度についての提案」を使いながら、改善点を洗い出しましょう。特に画像が表示スピードの妨げになっているケースが多いので、改善例を参考にしながら、最適化をおこなってください。

Section 35 閲覧されているページの順番を調べよう

Googleアナリティクスの「行動フロー」を使うことで、閲覧されているページの順番やWebサイト内での行動を分析することができます。

行動フローを表示しよう

「行動フロー」の機能を使うと、閲覧されているページの順番やWebサイト内でのユーザーの行動を分析することができます。
サイドメニューで「行動」>「行動フロー」をクリックすると、Webサイト内でユーザーがどのようにページを遷移しているかがわかる図が表示されます。

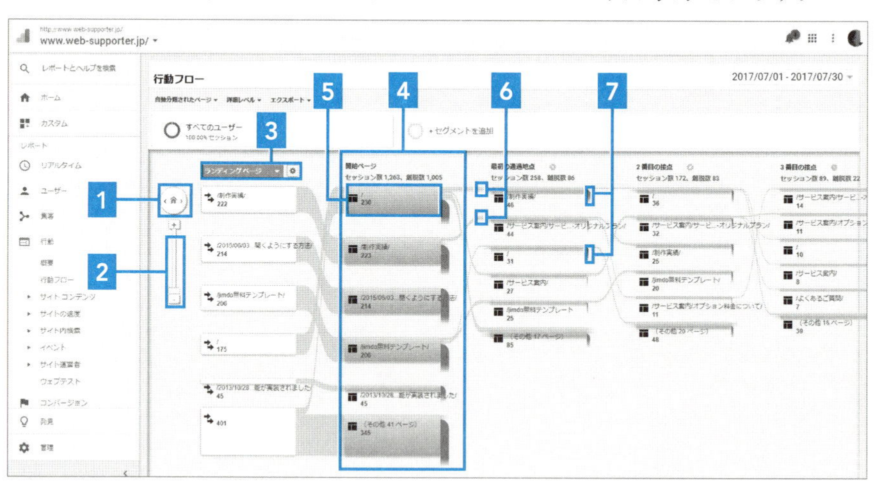

1 左右に移動

行動フローの図を左右にスクロールできます。

2 サイズの変更

行動フローの縦サイズを変更できます。

3 トラフィックの種類

行動フローの種類を変更できます。

4 開始ページ

ページのタイトルやセッション数などが表示されています。

5 遷移率と離脱率

マウスカーソルを合わせると、各指標の詳細が表示されます。全セッションのうち、次のページへ進んだ数値と、離脱した数値がわかります。

6 遷移率

グレーの帯にマウスカーソルを合わせると、次のページへ進んだ数字が表示されます。

7 離脱率

オレンジの帯にマウスカーソルを合わせると、そのページで離脱した数字が表示されます。

画面を右にスクロールすると、表示しきれなかった行動フローが確認できます。「ステップを追加」をクリックすると、さらにフローが表示されます。

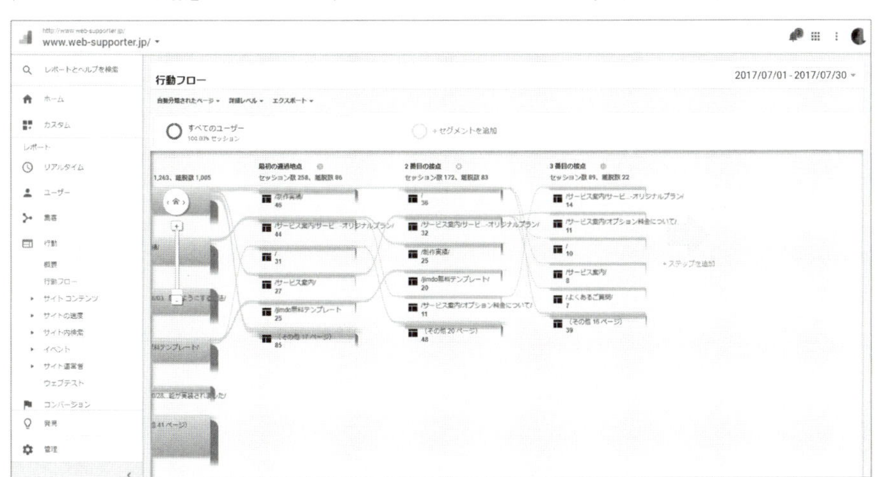

開始ページを確認しよう

「行動フロー」の「開始ページ」の項目では、どのページからユーザーが見始めているかがわかります。トップページが開始ページになっている場合が多いですが、Webサイトによっては、意外なページが開始ページになっていることもあります。

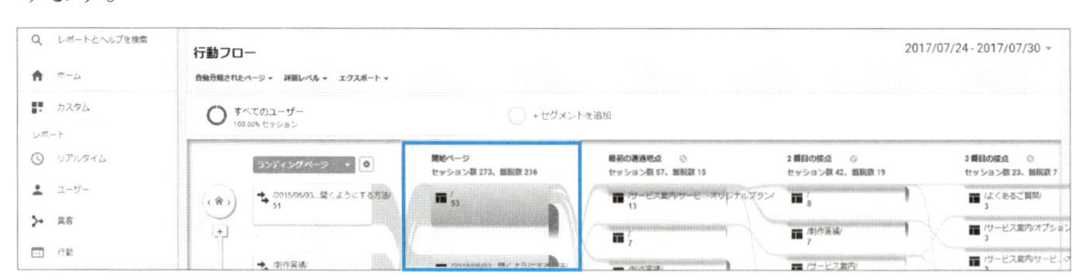

「その他のページ」で詳細を確認する場合は、項目の上でクリックします**1**。「グループの詳細」が表示されますので、更にクリックすることで詳細を把握できます**2**。

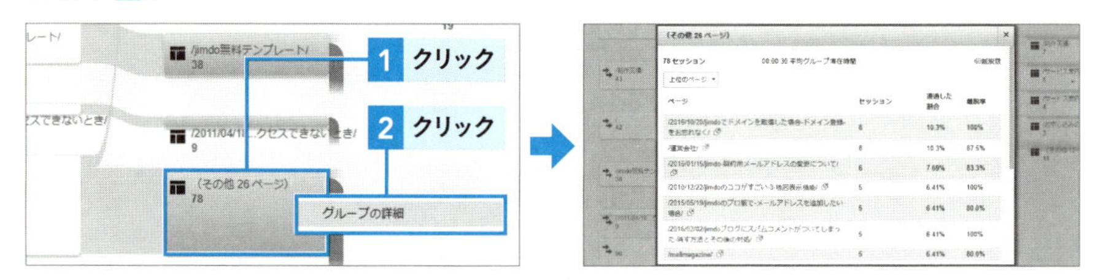

遷移ページを確認しよう

項目をクリックすると**1**、「ここをハイライト」「ここを深く見る」「グループの詳細」が表示されます。「ここをハイライト」をクリックすると**2**、ページの経路がハイライトで表示されます。

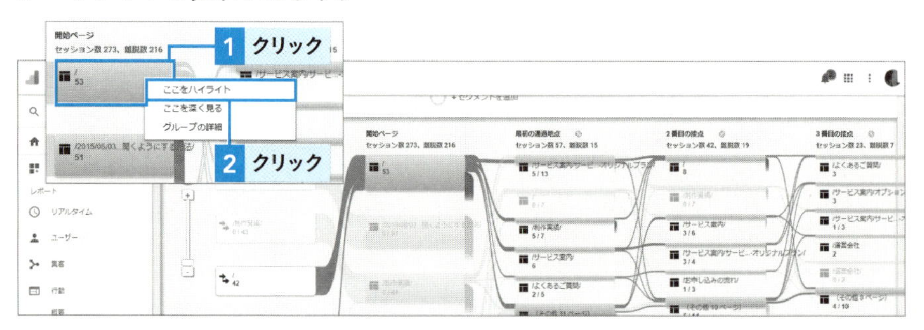

代表的な改善例を知ろう

「行動フロー」では、遷移率や離脱率が数値でわかるほか、ユーザーの行動についても分析することができます。たとえば、トップページを見ている人が、次にサービス案内を見て、再度トップページに戻って来る行動を取っていることがわかったり、コンバージョンに繋がる行動の流れがわかったりします。

また、項目を変更することで、どこから来ているユーザーが、成果に結びついているかを含めて分析することもできます。

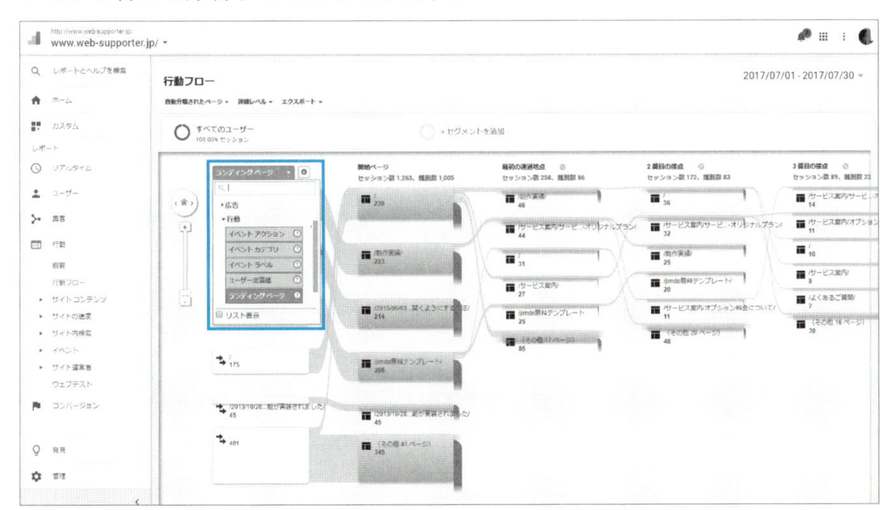

●コンバージョンに繋がるページへの流入が少ない場合

お問い合わせページなどコンバージョンへ繋がるページにうまく閲覧者が来ていない場合には、直前ページのコンテンツを見直すなどで改善を図ります。全くコンバージョンページへ到達していない場合には、Webサイト内の導線も含めて、再度確認しましょう。

「行動フロー」では、閲覧されているページの順番やWebサイト内での行動を分析することができます。コンバージョンへ繋がるページへうまく誘導できていないなど、離脱率や遷移率が一目でわかる便利なツールなので、ぜひ活用してください。

想像力がとても大事！

ここまでGoogleアナリティクスのさまざまな見方を解説してきましたが、単に数字だけを確認するのではなく、数字をどのように解釈し、改善に繋げるかがとても大切です。

本書では、数値の見方だけでなく、代表的な改善例は掲載してはいますが、すべてのページにも当てはまるわけではありません。たとえば、あるページの離脱数がとても高かったとした場合、どのように判断すればよいでしょうか？

・文字が小さくて（薄くて）読みにくかった
・検索から訪問して来たが、意図していた内容ではなかった
・情報が少なかった
・ページ自体の信頼性が薄かった
・他のページへ移動する導線がなかった
・内容がわかりにくかった

など、さまざまな角度から想像をし、原因を推測していきます。解析の答えは1つではありません。特に成果へ繋げるための重要なページでの「離脱率」が高い場合は、要注意です。何かしらの改善をおこなうようにしましょう。

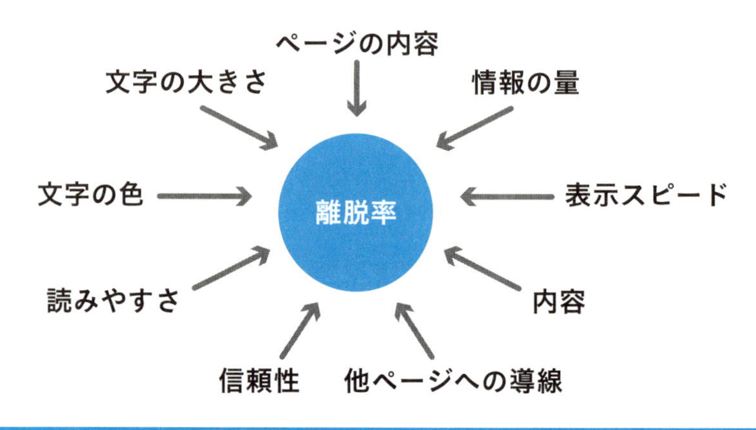

Chapter 6

目標を設定＆確認しよう

Googleアナリティクスを
使ったWebサイトの目標設定
方法について解説します。
目標を設定し、達成されているか
確認することが重要です。

Section 36 Webサイトで達成したい目標設定&確認の流れを把握しよう

Googleアナリティクスで表示されるデータを見ているだけでは、意味がありません。ここでは、Webサイトで達成したい目標を設定し、確認する方法を解説します。

Webサイトで達成したい目標を明確にしよう

本章では、目標設定&確認するための方法を、以下の順で説明していきます。

目標達成の機能を使用する目的や意図を知る

目標達成の種類を知る

目標達成の機能を使うための事前設定をおこなう

Google アナリティクスに達成した目標を設定する

Google アナリティクスで目標達成状況を確認する

クリックされているリンクをWebページ上で確認する

Webサイトの目標設定をする意味を知ろう

ここまで、Googleアナリティクスの基本的な見方や分析方法を解説してきましたが、「目標設定」の機能を使用することで、より精度の高い分析が可能になります。

それでは、Webサイトの目標とはどんなことを指すのでしょう。具体的には以下のようなものを目標として設定します。

・お問い合わせ……月に○件
・ネットショップの購入者数……月に○人
・訪問者の平均滞在時間……月平均○分○秒
・ページビュー数……月に○ページビュー

など、Webサイト上で数値が確認できるものになります。

目標となる指標を決め、Googleアナリティクスに「目標」として設定しておけば、「目標が達成できたかどうか」という基準でデータを分析することができるようになります。こうすることで、より確度の高い分析結果を得ることができるのです。

ぜひ、これを機にWebサイトで達成したい目標を設定しましょう。

Googleアナリティクスの基本的な見方を習得するだけでなく、自社の運営状況にあった目標設定をすることで、より精度の高い分析をおこなうことができます。目標を設定しながら、達成状況を確認し、改善に繋げるサイクルを構築しやすくなりますので、ぜひトライしてみてください。

Section 37

目標設定の機能について知ろう

Googleアナリティクスには、目標を設定し確認できる機能がついています。まずは目標設定をする意味や重要な用語について解説します。

目標を設定する理由を知ろう

ここまでGoogleアナリティクスの見方や基本的な分析方法から解説してきましたが、本来解析や分析は「目標設定」をしてからおこなうのが正しいやり方です。目標設定することによってゴールを明確にし、改善施策の立案をしやすくするのが最も大きな目的です。

目標設定をせずに解析をおこなった場合、コンバージョンしたユーザーとそうでないユーザーの違いがわからない。

目標設定をした上で解析をおこなった場合は、コンバージョンしたユーザーとそうでないユーザーの違いがわかる。

KPIとKGIとは

KPIとKGIという言葉を聞いたことがありますか？　目標を立てた後、達成するための指標を表す概念です。Googleアナリティクスの用語ではありませんが、アクセス解析の学習を深める上で、重要な考え方になりますので覚えておきましょう。

●KPI

KPI（ケーピーアイ）は、Key Performance Indicator（キーパフォーマンスインジケーター）の略で、「重要業績評価指標」と呼ばれています。KGIを達成するための過程で、中間計測ができるよう設定する指標です。

●KGI

KGI（ケージーアイ）は、Key Goal Indicator（キーゴールインジケーター）の略で、「重要目標達成指標」と呼ばれています。達成すべきゴールを数値で設定します。

最初に全体の目標を設定して（KGI）、その後逆算してKPIを設定します。いずれの項目にも指標となる数値を表記しています。

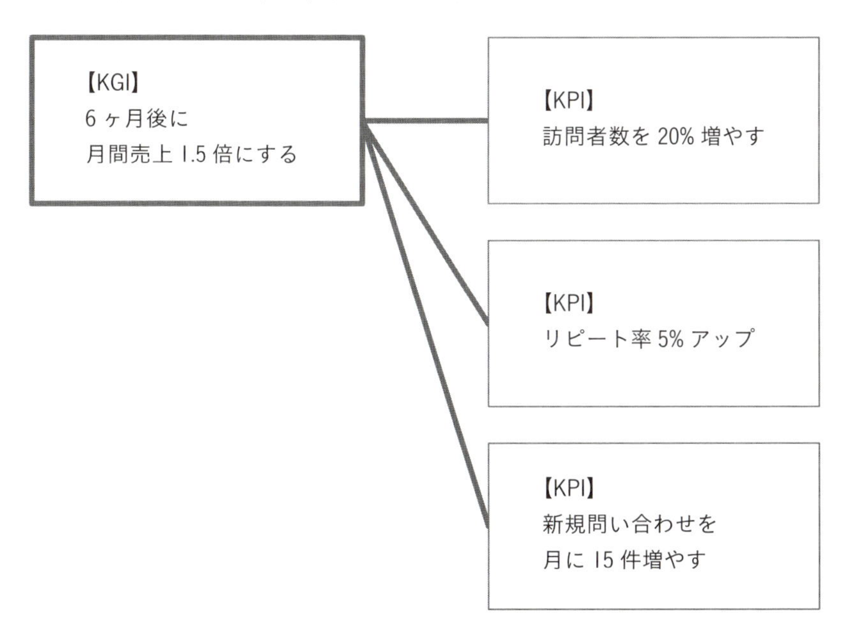

KPI、KGIの設定例

コンバージョンとは

コンバージョンとは、もともと「変換」という意味ですが、Webサイトを分析する場合は「成果」や「成約」を意味する言葉として使われます。「目標達成」や「成果」と置き換えて読むとわかりやすいでしょう。
お問い合わせ数、資料請求件数、購入数、会員登録数などをコンバージョンとして設定することが多いのですが、Webサイトの性質のよっては、文書のダウンロード数や滞在時間、ページビューを設定する場合もあります。Googleアナリティクスの「コンバージョン」を使って分析します。

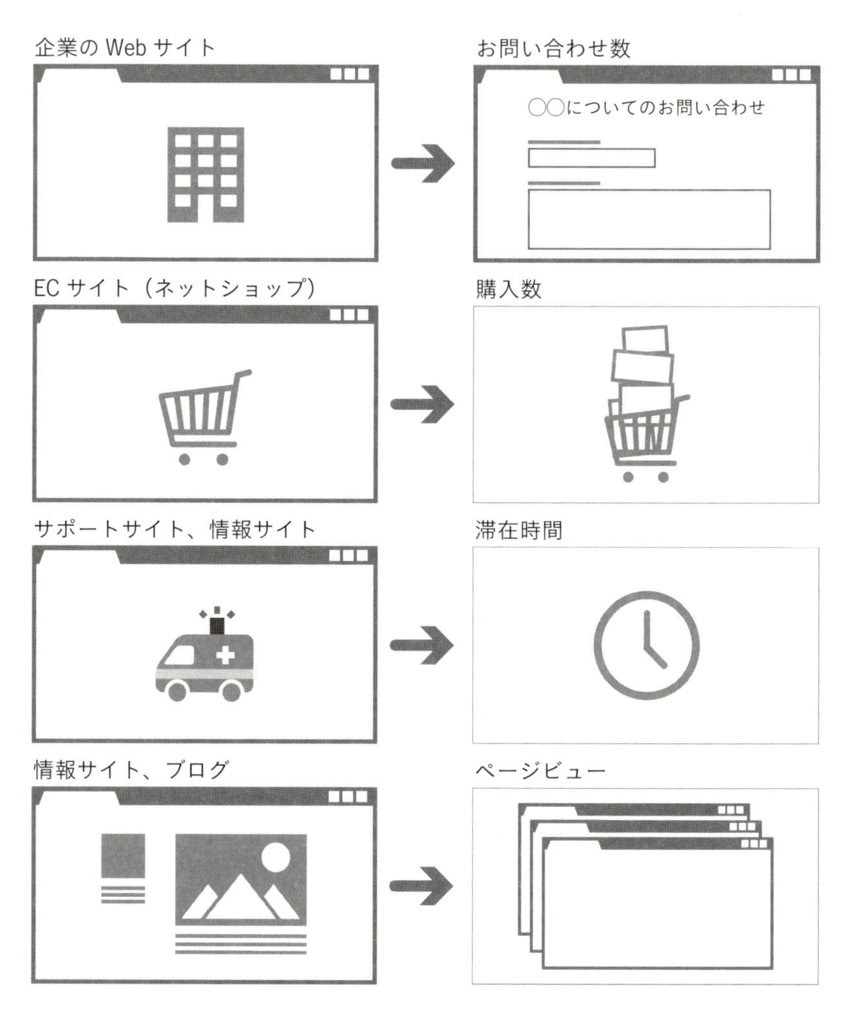

さまざまなコンバージョン例

コンバージョンの目標例

Googleアナリティクスで計測できるコンバージョンは、着地のページが何かしらあること、あるいはダウンロードしたなどのイベントが発生することなどです。以下の4種類を目標として設定することができます。

●到達ページ（目標URL）

お問い合わせフォームの入力完了後に表示されるthanksページ、あるいはネットショップでユーザーが購入した後に表示されるページを、目標ページとして設定します。
お問い合わせ数、購入数をコンバージョンとして設定したいときに使います。

●滞在時間

滞在時間は、ページをじっくり読まれているかどうかを測る指標になります。たとえば、サポートサイトや、閲覧者の滞在時間が長い方がよいとされている情報サイトで、滞在時間を目標の指標として設定する場合に使用します。「○時間○分○秒」と目標時間を指定します。

●ページビュー数/スクリーンビュー数（セッションあたり）

Webサイトの閲覧数を増やす施策をする際、目標値をGoogleアナリティクスに設定することができます。「○ページ超」という形で、数字を設定します。

●イベント

動画を再生する、あるいは配付中のPDFデータがどのぐらいダウンロードされたか計測するなど、ユーザーが何かしらの反応をした数値を測定することができます。

まとめ

Googleアナリティクスの「コンバージョン」機能を使うことで、施策をおこなったときの成果が、明確にわかるようになります。目標達成率が分析できるだけでなく、Webサイトの問題点を洗い出す際にも役に立ちますので、ぜひ設定してみてください。

Section 38
目標設定をするための事前準備をしよう

目標設定の機能を使う場合、「イベント」を計測するときは、事前に所定のタグをWebサイトへ設置しておく必要があります。

「イベントトラッキング」とは

Googleアナリティクスで設定できるコンバージョンのうち、「イベント」を計測するときは「イベントトラッキング」と呼ばれるタグをWebサイト側へ設定しておく必要があります。

イベントトラッキングを設定することで、ファイルのダウンロード数やリンクのクリック数などを計測できます。事前にWebサイト側へ、JavaScriptを追加して計測します。リンクがある場所へ、以下のようなタグを埋め込みましょう。

```
<a href= "http://aaabbbbcccc.com/" onclick= "ga( 'send' , 'event' , 'link' , 'click' , 'PDFダウンロード' );" >資料をダウンロードする</a>
  ↓
onclick= "ga( 'send' , 'event' , 'カテゴリ' , 'アクション' , 'ラベル' );"
```

カテゴリ	計測するデータのグループ名を入れます。 例：ad（広告）、movie（動画）、image（画像）、link（リンク）、button（ボタン）　など
アクション	閲覧者の操作の種類を入れます。 例：download（ダウンロード）,click（クリック）,play（再生）など
ラベル	イベントの名前を入れます。 例：PDFダウンロード、体験レッスンキャンペーン、サービス紹介ページ　など

イベントトラッキングの種類と記述例

種類ごとに、イベントトラッキングの記述例を記載しますので、必要に応じて参考にしてください。なお、Googleアナリティクスのイベントトラッキングには、データ収集の上限があります。セッションあたり500ヒットが上限になりますので、ご注意ください。

●テキストのリンクを計測する

<a href=" http://aaabbbbcccc.com/" onclick=" ga('send' , 'event' , 'link' , 'click' , '体験レッスンキャンペーン');" >体験レッスンキャンペーンの詳細はこちら</a>

●バナーリンクのクリックを計測する

<a href=" http://aaabbbbcccc.com/" onclick=" ga('send' , 'event' , 'image' , 'click' , 'サービス紹介ページ');" ><img src=" service_banner.jpg" border=" 0" ></a>

●ボタンをクリックしてPDFをダウンロードしたときの数値を計測する

<a href=" http://aaabbbbcccc.com/" onclick=" ga('send' , 'event' , 'link' , 'download' , '資料ダウンロード');" >資料をダウンロードする</a>

メモ 取得数の上限について

Googleアナリティクスのイベントトラッキングには、データ収集の上限があります。セッションあたり500 ヒットが上限になりますので、ご注意ください。

まとめ

Googleアナリティクスで目標設定をするとき「イベント」の場合のみ、イベントトラッキングの設定が必要になります。事前にWebサイト側へ設置しておきましょう。自力での設置が難しい場合には、制作会社や専門家に依頼をおすすめします。

Section 39 特定のページの表示を目標として設定しよう

お問い合わせフォームの入力完了後に表示されるthanksページ、あるいはネットショップでユーザーが購入した後に表示されるページを、目標ページとして設定しましょう。

目標ページを設定しよう

Googleアナリティクスでコンバージョンの設定をおこなう場合、多くが特定のページ表示を目標として設定します。ここでは、お問い合わせフォームの最後に表示される「thanksページ」を目標として設定する方法を解説します。

① サイドメニューで「管理」をクリックし、「目標」をクリックします**1**。

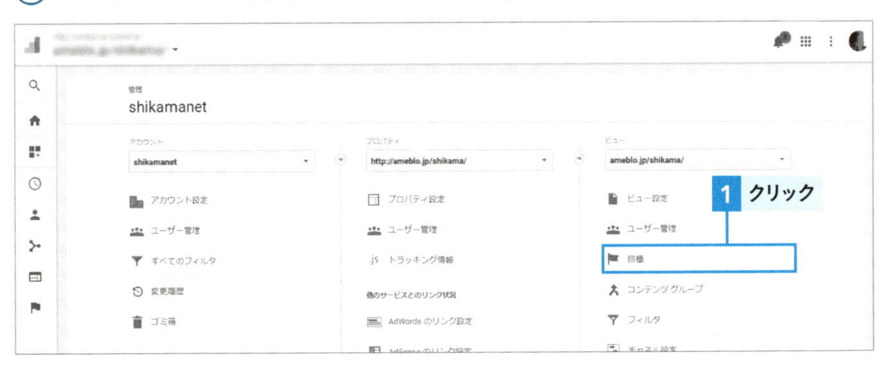

② 「新しい目標」をクリックします**1**。

③「名前」「タイプ」を設定します1。「名前」は、わかりやすい名称（「お問い合わせ」「資料請求」など）を入力しましょう。「タイプ」は「到達ページ」を選択します。入力が完了したら「続行」をクリックします2。

④目標の詳細を設定します。「到達ページ」に該当するURLを入力し1、「保存」をクリックすれば完了です2。

目標設定は、１サイトにつき20個まで設定できます。

特定のページへの到達を目標とする場合は、目標設定の「到達ページ」を選択し、該当するURLを入力します。お問い合わせ、資料請求のほか、ネットショップで買い物カートを使って購入した最後のページを目標として設定することもできます。

Section 40 滞在時間を目標として設定しよう

滞在時間は、閲覧者がWebサイトにどのぐらい滞在したかを測る指標です。滞在時間が何分を超えればOKかを目標として設定することができます。

ユーザーの興味の度合いを滞在時間で計ろう

滞在時間は、閲覧者がWebサイトにどのぐらい滞在したかを測定することができる指標です。サポートサイトや情報が多いWebサイトにおいて、どのぐらいユーザーが興味を持って滞在しているかを目標設定します。

① サイドメニューで「管理」をクリックし、「目標」をクリックします 1 。

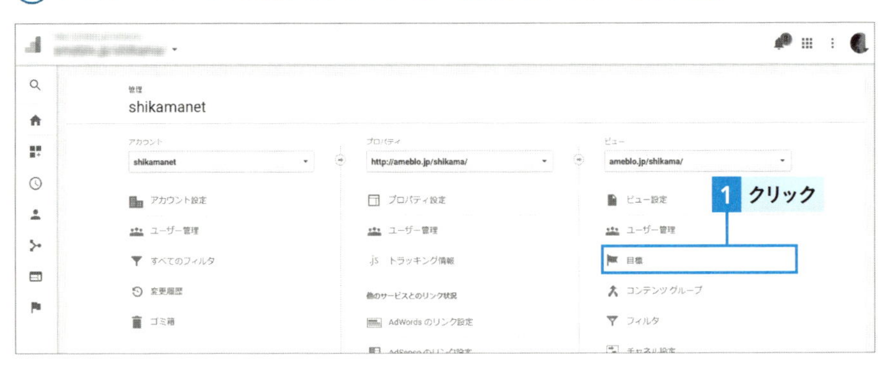

② 「新しい目標」をクリックします 1 。

③「名前」「タイプ」を設定します1。「名前」は、わかりやすい名称(「滞在時間○分」など)を入力しましょう。「タイプ」は「滞在時間」を選択します。入力が完了したら「続行」をクリックします2。

④目標の詳細を設定します。「時間」「分」「秒」を設定し1、「保存」をクリックすれば完了です2。

滞在時間は、閲覧者がWebサイトにどのぐらい滞在したかを測定することができる指標です。お問い合わせや購入に繋げる場合は、5分以上の時間が必要といわれています。目標設定するときの参考にしてください。

Section 41 一定のページ閲覧数を目標として設定しよう

Webサイトの閲覧数を増やす施策をする際、目標値をGoogleアナリティクスに設定することができます。「○ページ超」という形で、数字を設定します。

1セッションあたりの平均閲覧数を目標として設定しよう

自サイトを訪問した閲覧者が、設定したページ数以上を閲覧した場合に、目標達成としてカウントする「ページビュー数/スクリーンビュー数（セッションあたり）」を設定してみましょう。1セッションあたりの平均閲覧数を設定します。

① サイドメニューで「管理」をクリックし、「目標」をクリックします 1 。

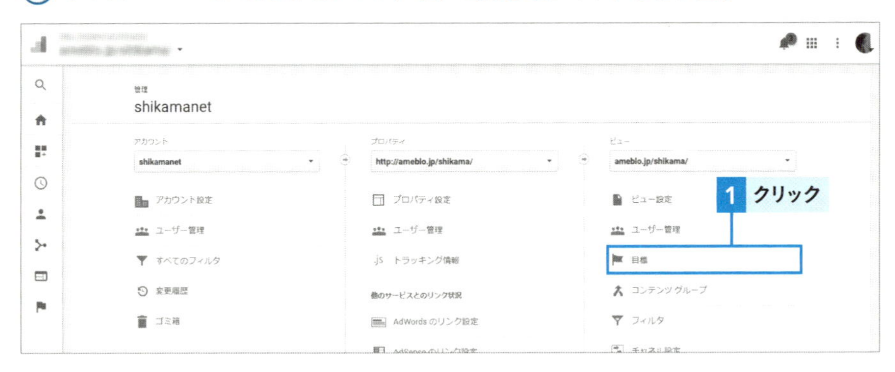

② 「新しい目標」をクリックします 1 。

③「名前」「タイプ」を設定します1。「名前」は、わかりやすい名称(「ページビュー3頁」など)を入力しましょう。「タイプ」は「ページビュー数/スクリーンビュー数(セッションあたり)」を選択します。入力が完了したら「続行」をクリックします2。

④目標の詳細で、目標のページビュー数を設定し1、「保存」をクリックすれば完了です2。

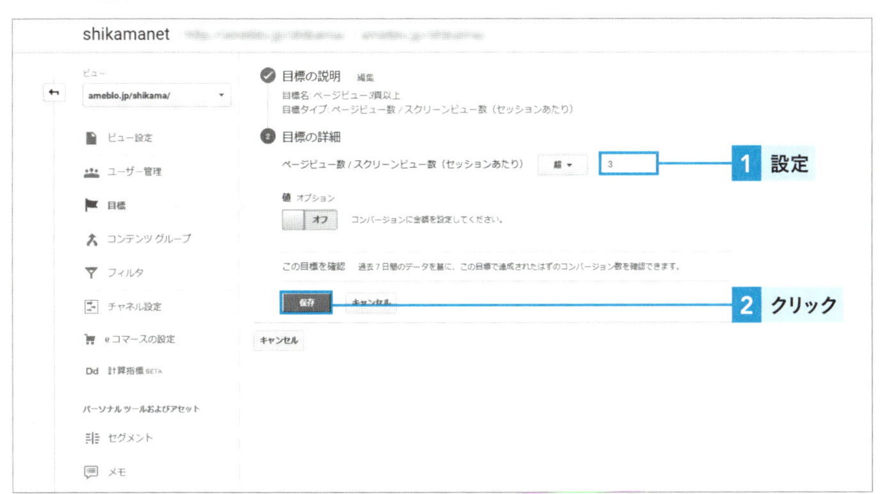

「閲覧数」の機能では、あらかじめ「○ページ以上見てくれたら目標達成とみなす」と決めた数値を「ページビュー数/スクリーンビュー数(セッションあたり)」に設定します。

Section 42 ファイルのダウンロード数を目標として設定しよう

Webサイトで配付しているPDFデータが、どのぐらいダウンロードされたか計測してみましょう。

イベント機能でファイルのダウンロード数を計ろう

「目標」の「イベント」機能を使うと、Webサイトで配布しているPDFデータのダウンロード数を計測することができます。
ここでは、「資料請求」という文言に、PDFファイルへのリンクを設置した場合を例に、開設します。

メモ イベントトラッキングの事前設定が必要

PDFのダウンロード数など「イベント」を計測するには、あらかじめWebサイトのリンクに「イベントトラッキング」を設定しておく必要があります（P.142～143参照）。

① サイドメニューで「管理」をクリックし、「目標」をクリックします 1。

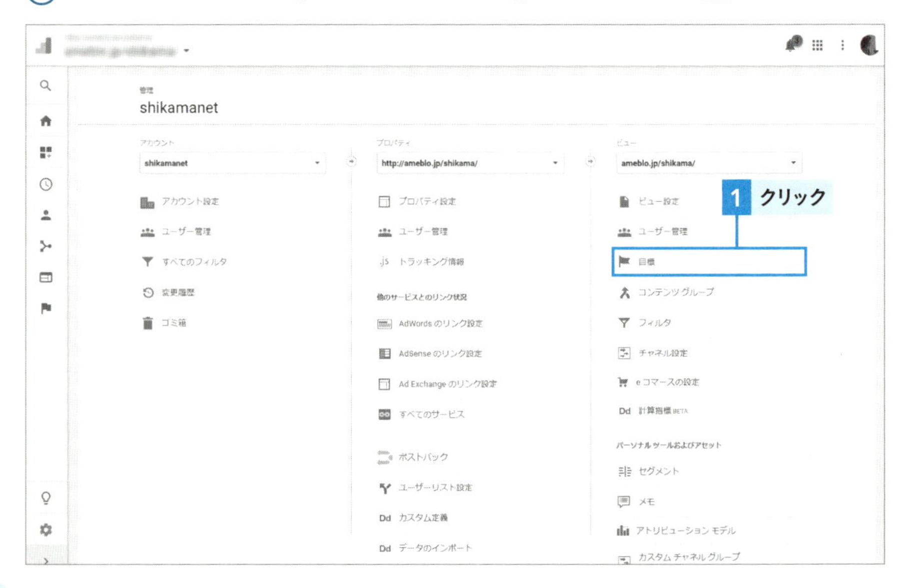

② 「新しい目標」をクリックします1。

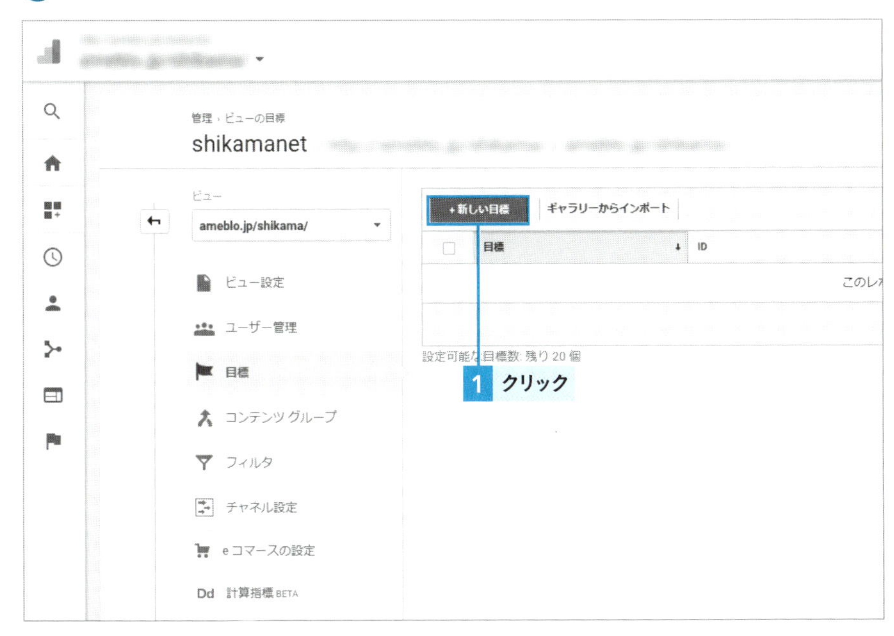

③ 「名前」「タイプ」を設定します1。「名前」は、わかりやすい名称（「PDFダウンロード数」など）を入力しましょう。「タイプ」は「イベント」を選択します。入力が完了したら「続行」をクリックしましょう2。

④ イベントの詳細を設定します。「カテゴリ」1「アクション」2「ラベル」3「値」4を設定します。「カテゴリ」「アクション」「ラベル」には、イベントトラッキングの該当項目を、「値」には目標のダウンロード数を入れましょう。設定が完了したら「保存」をクリックします5。

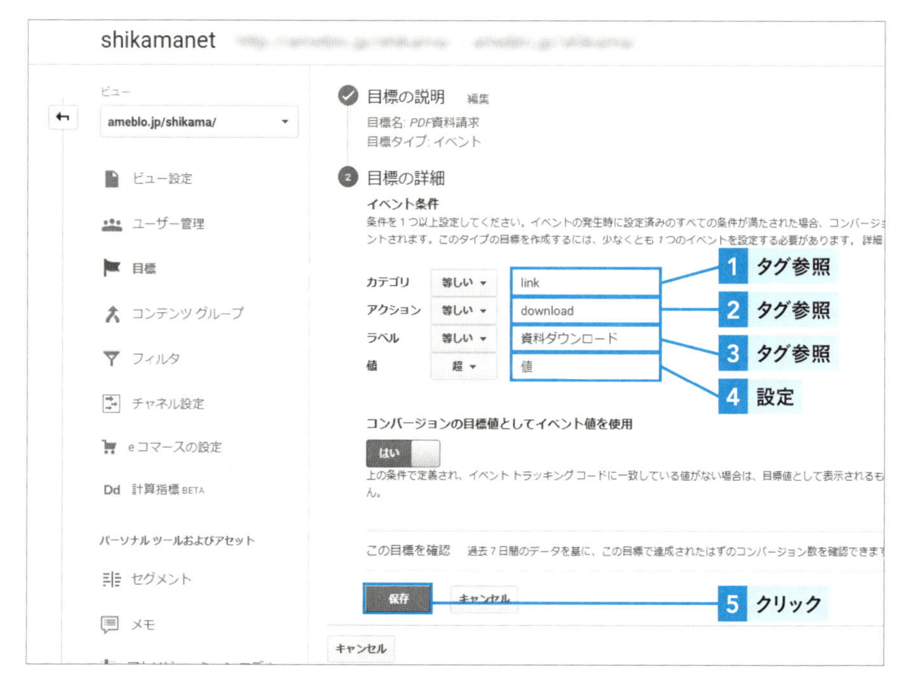

●イベントトラッキングのタグ（P.142～143参照）

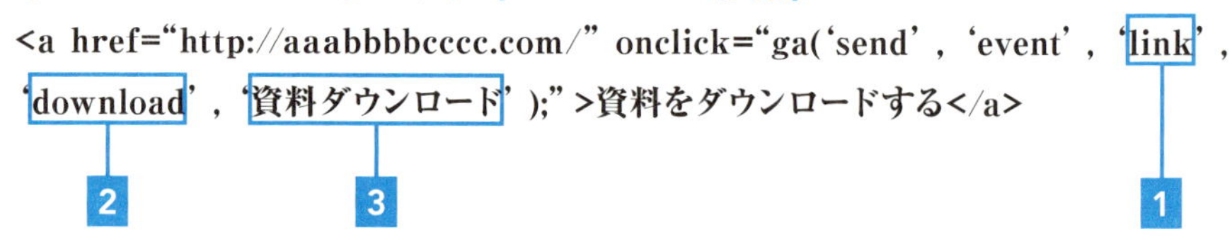

その他のイベントについて知ろう

Googleアナリティクスのイベント機能を使うことによって、リンクのクリック数やPDFのダウンロード数を計測できることを解説してきましたが、この機能を応用すると、スマートフォンサイトの電話番号を、何回タップしたかを計測することができます。

イベントの詳細設定で、以下のように設定します。

●イベントトラッキングのタグ（P.142～143参照）

<a href= “012-3456-7890” onclick= “ga(‘send’ , ‘event’ , ‘telno’ , ‘click’, ‘電話番号タップ’);” >電話番号：012-3456-7890</a>

1 2 3

ファイルのダウンロード数を目標として設定する場合、事前に「イベントトラッキング」の設定をしておく必要があります。必ず準備しておきましょう。イベント機能は、リンクのクリック数やPDFのダウンロード数をカウントできるほか、スマートフォンの電話番号タップ回数も計測できます。

Section 43 目標に到達するための ページの閲覧順序も設定しよう

Googleアナリティクスの「目標」には、お問い合わせの完了ページといった目標ページに到達するために、どのようなページを辿って来たかを可視化する機能があります。

なぜ目標に到達するためのプロセスを確認するのか知ろう

Googleアナリティクスの「目標」には、お問い合わせの完了ページといった目標ページに到達するまでに、閲覧者がどのようにページを辿ってて来たかを可視化できる機能があります。「目標到達プロセス」と呼ばれる項目を設定しておくことで、コンバージョンに達しなかったユーザーが、どこでどのぐらい離脱しているかなどがわかるようになります。目標達成プロセスを設定すると、たとえば、お問い合わせフォームに入力したユーザーのうち、何人が最終画面に到達したかが可視化でき、どこで改善が必要か明確になります。

もし、①お問い合わせフォームから②確認画面へ遷移する途中で、思いのほか離脱している数が多ければ、フォームの改善が必要であることが、一目でわかるようになります。

会員登録フォームやメルマガ登録フォーム、あるいはネットショップの買い物カートに入れてから、購入完了ページまでのプロセスについても計測できます。

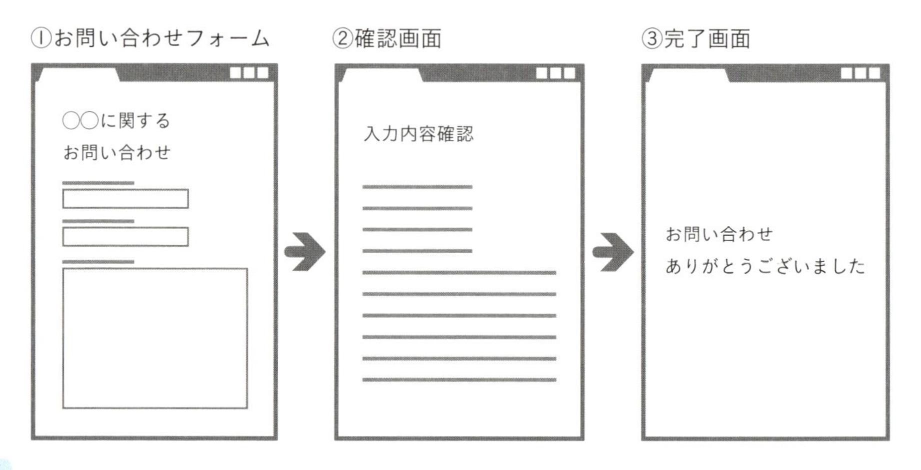

目標到達プロセスを設定しよう

ここでは、①お問い合わせフォーム、②確認画面、③完了画面と遷移した場合を想定し、目標達成プロセスの設定方法を解説します。
以下のURLを目標到達プロセスに設定します。URLはサイトによって異なります。あらかじめ自サイト内のURLを調べておきましょう。

例：
①お問い合わせフォーム：contact.html
②確認画面：confirm.html
③完了画面：thanks.html

① サイドメニューで「管理」をクリックし、「目標」をクリックします1。

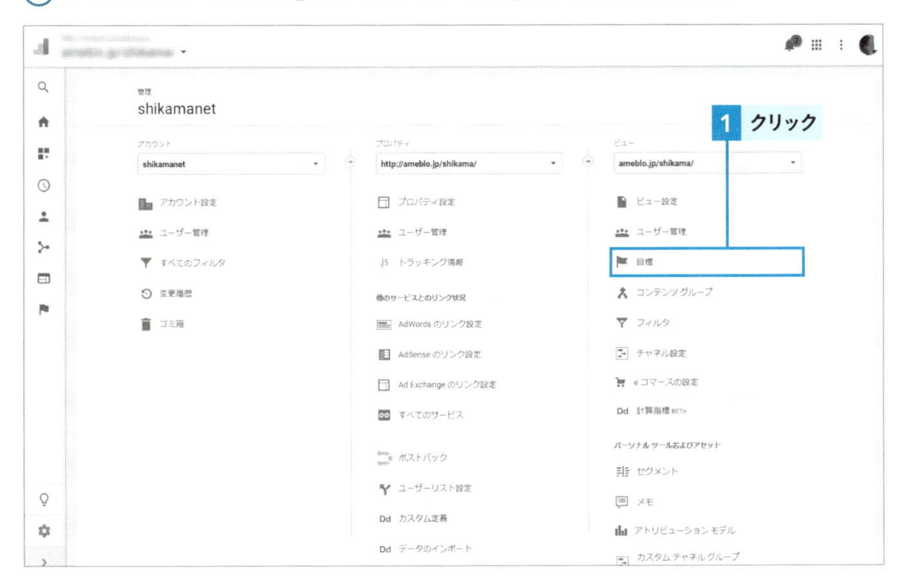

② 「新しい目標」をクリックします**1**。

既にいくつかの目標を設定済みの画面です。

③ 「名前」「タイプ」を設定します**1**。「名前」は、わかりやすい名称（「お問い合わせプロセス」など）を入力しましょう。「タイプ」は「到達ページ」を選択します。入力が完了したら「続行」をクリックします**2**。

④ 目標の詳細を設定します。「到達ページ」にURLを入力します**1**。ここでは、お問い合わせフォームの完了ページである「thanks.html」を入力しました。

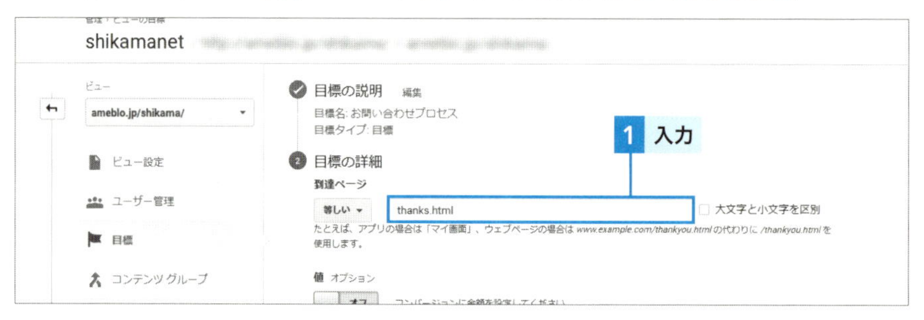

⑤ 達成プロセスをクリックして「オフ」から「オン」に切り替えると1、ステップ1が表示されます。ここでは、「名前」に「お問い合わせページ」、「スクリーン / ページ」に「form.html」を入力します2。「別のステップを追加」をクリックします3。

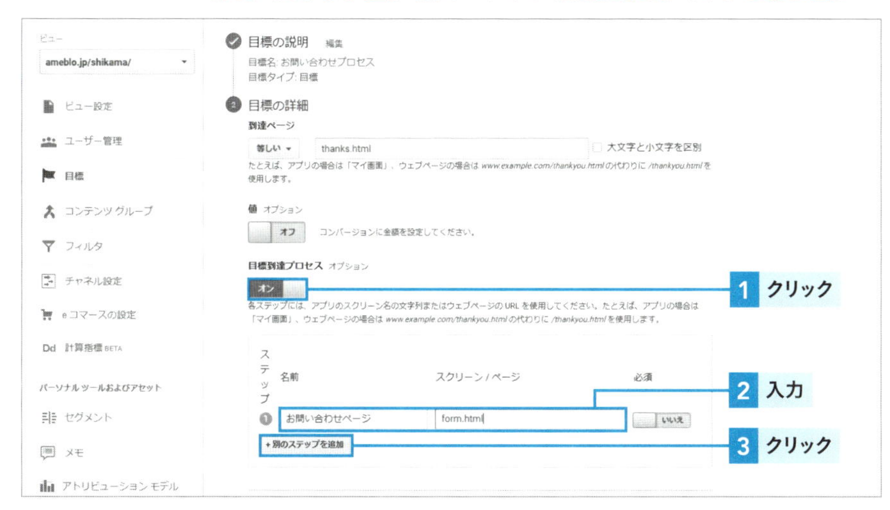

⑥ ステップ2が表示されますので、「名前」に「確認ページ」、「スクリーン / ページ」に「confirm.html」を入力します1。完了したら「保存」をクリックします2。

まとめ

ここでは、お問い合わせフォームを事例としたのでステップが2段階でしたが、ネットショップの買い物カート機能のように、プロセスがたくさんある場合には、さらにステップを追加して必要なプロセスのすべてを登録しておきます。

Section 44 目標の達成状況の確認方法を知ろう

目標の設定が完了したら、達成状況を確認しましょう。Googleアナリティクスの「コンバージョン」画面で確認する方法を解説します。

目標の画面を確認しよう

目標達成の確認方法はいくつかありますが、過去7日間のデータを一覧形式で見たい場合は、「目標」画面で確認します。サイドメニューの「管理」をクリックして、「目標」をクリックすると、あらかじめ設定した目標が、一覧形式で表示されます。ざっと数値だけ確認したい場合には、この画面が便利です。

メモ すぐには計測できません

目標設定をした後、すぐには数値に反映されません。最低でも2〜3日おいてから、確認するようにしてください。

コンバージョンの画面を確認しよう

目標達成状況の詳細を表示したい場合は、サイドメニューの「コンバージョン」をクリックし、「目標」>「概要」の順でクリックすると、目標の「サマリー」が表示されます。

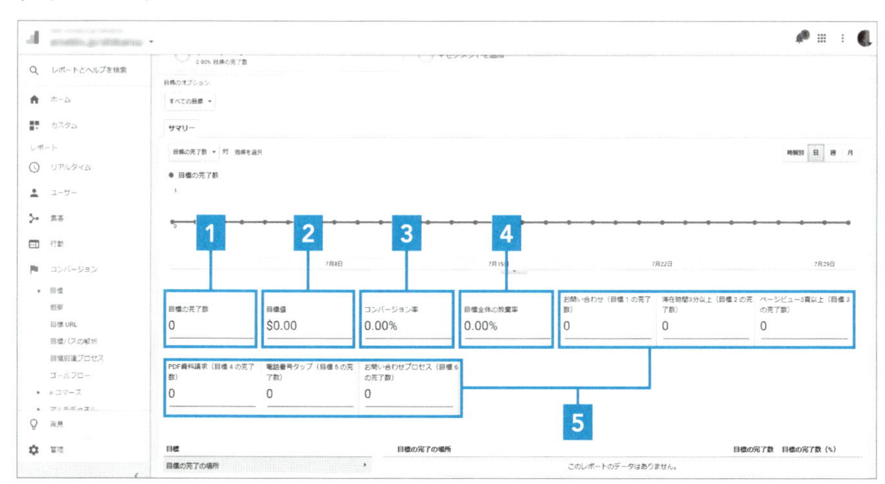

1 目標の完了数：

目標達成数の合計数です。

2 目標値：

目標値の価値を金額で設定した場合、この欄に価値の合計が表示されます。

3 コンバージョン率：

個々の目標達成率の合計です。

4 目標全体の放棄率：

目標達成プロセスの中で、コンバージョンを達成せず離脱した数を集計したものが「放棄率」です。（目標到達プロセスの合計放棄数）÷（目標の合計開始数）で算出されます。

5 コンバージョンの数：

個別に設定した目標の達成数です。

目標URLの詳細を確認しよう

サイドメニューの「コンバージョン」をクリックし、「目標」>「目標URL」をクリックすると1、目標URLの詳細を確認できます。

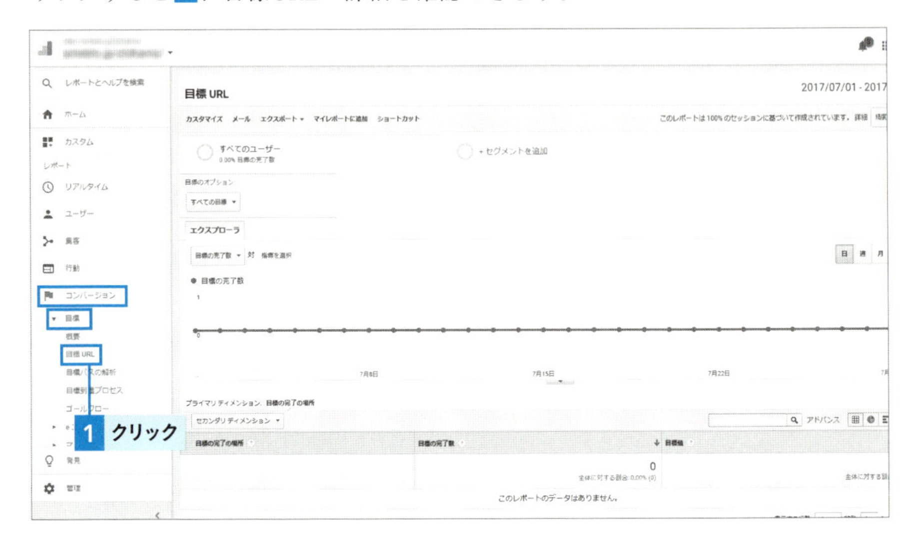

目標パスの解析を確認しよう

サイドメニューの「コンバージョン」をクリックし、「目標」>「目標パスの解析」をクリックすると1、目標が完了されたURLから3ステップ前の状況を確認できます。

目標達成プロセスを確認しよう

サイドメニューの「コンバージョン」をクリックし、「目標」>「目標達成プロセス」をクリックすると1、あらかじめ設定しておいた「目標達成プロセス」の分析結果が表示されます。
次のステップへ推移した割合、離脱してどのページへ遷移したか、最終的なコンバージョン率などが可視化されるので、改善点を洗い出しやすくなります。

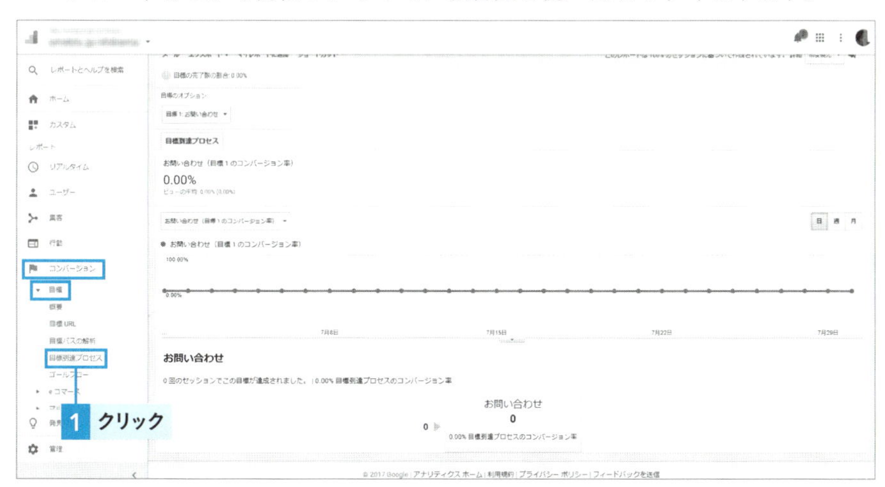

目標設定をおこなった後は、必ず目標が達成されているか確認しましょう。「目標」の画面でざっと数だけ把握する方法と、「コンバージョン」の画面で詳細確認する方法があります。状況に合わせて使い分けましょう。

Section 45

クリックされたリンクをページ上で確認しよう

Google Chromeの拡張機能を使うことで、ページ上のクリック率を確認することができます。ここでは拡張機能の設定と確認方法を解説します。

Google Chromeの拡張機能を導入しよう

Google Chromeの拡張機能「Page Analytics（ページ アナリティクス）」を使うことで、訪問者が、Webサイト上のどのリンクをクリックしているかが可視化されます。現時点では英語版のみですが、利用法は難しくありませんので、使ってみましょう。導入は無料です。

なお、「Page Analytics」を使用するためには、あらかじめGoogleアナリティクスに、解析したいWebサイトが登録されており、Webサイトにトラッキングコードが設定されている（P.30〜47参照）ことが条件です。Googleアナリティクスに設定されていないWebサイトは、「Page Analytics」を入れても解析できないので、注意してください。

① Googleのウェブストア（https://chrome.google.com/webstore/category/extensions）にアクセスし、「Page Analytics」を検索します 1。

② 「Page Analytics (by Google)」の「CHROMEに追加」をクリックします 1 。

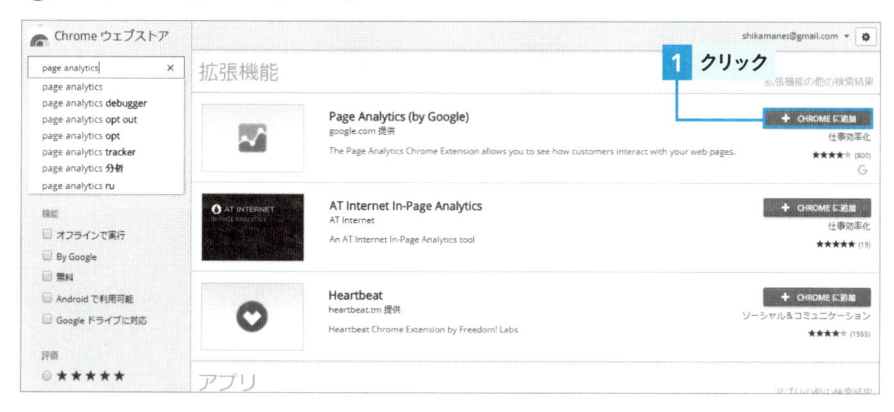

③ 「Page Analytics (by Google)を追加しますか？」と表示されますので、「拡張機能を追加」をクリックします 1 。

④ 「Page Analytics (by Google)がCHROMEに追加されました」と表示され、「Page Analytics (by Google)」のアイコンがChromeに表示されます 1 。

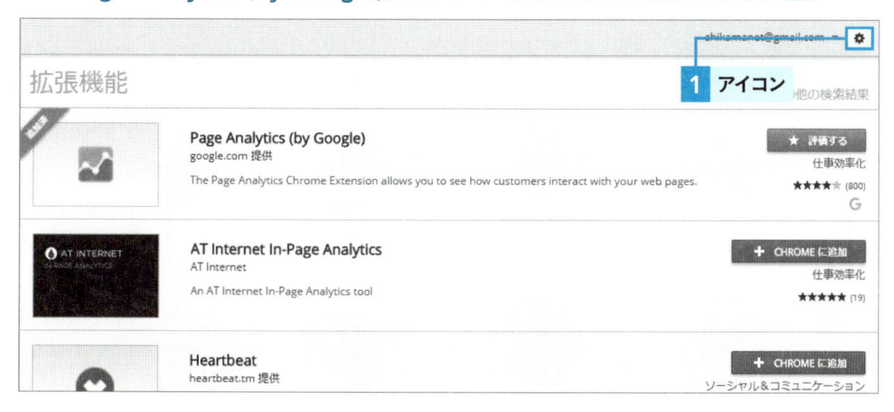

Page Analyticsの基本画面を確認しよう

① Googleアナリティクスにログインした状態で、解析したいページにアクセスすると、Webサイトの上部にGoogle Analyticsのサマリーが表示されます。各項目をクリックすると設定を変更することができます。

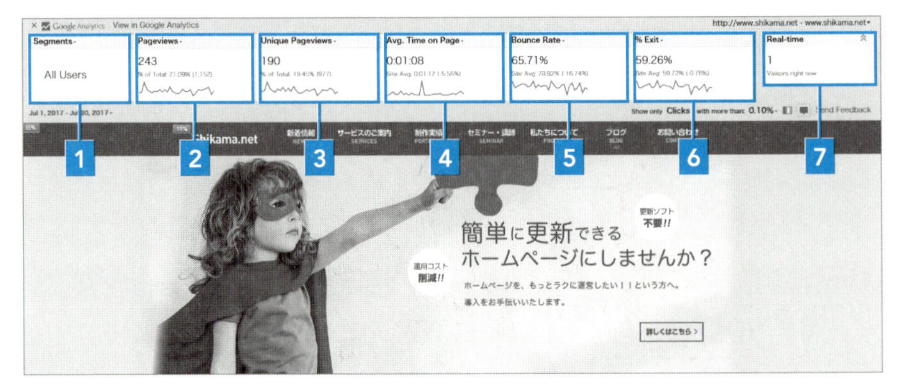

1 **Segments**：ユーザーの切り替え（すべてのユーザー、スマホのみなど）

2 **Pageviews**：ページビュー

3 **Unique Pageviews**：固有のユーザーの重複アクセスを除いたページビュー数

4 **Avg. Time on Page**：平均ページ滞在時間

5 **Bounce Rate**：直帰率

6 **% Exit**：離脱率

7 **Real-time**：リアルタイムでアクセスしているユーザー数

② また、「Segments」の下の期間をクリックすると1、期間を変更することができます。

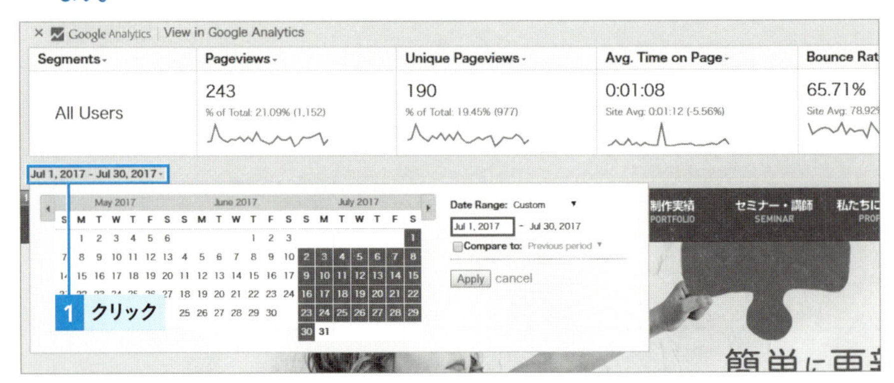

ページ上でどこがクリックされているか確認しよう

「Page Analytics」では、解析したいページのどこがクリックされているか確認することができます。

「Page Analytics」が表示されない場合は、機能がオフになっていないか確認しましょう。Google Chromeのアドレスバー横に表示されているアイコン（P.163手順④参照）をクリックすると、オンになります。再度クリックすると、オフになります。

① Webページをスクロールします1。すると、リンクが設定されている項目に「%」でクリックされた割合が表示されます。「%」が表示されている項目にマウスカーソルを合わせます2。

② 詳しい数字が表示されます。

Google Chromeの拡張機能「Page Analytics」を使うと、どのリンクがクリックされているかが、一目でわかるようになります。このデータは、Webサイトの改善にも大いに役立ちますので、ぜひ導入してみてください。

目標も現状に合わせて修正しよう

Chapter5までは、おもにGoogleアナリティクスの基本操作や画面の見方が中心でしたが、Chapter6では一歩進めて「目標」を設定する方法について解説しました。

実は目標は「達成」するよりも、「立てる」方が難しいとされています。

本章では、KPIとKGIを例にざっと目標の立て方について触れましたが、Webだけではなく、事業全体へさかのぼって検討する必要があるケースもあります。

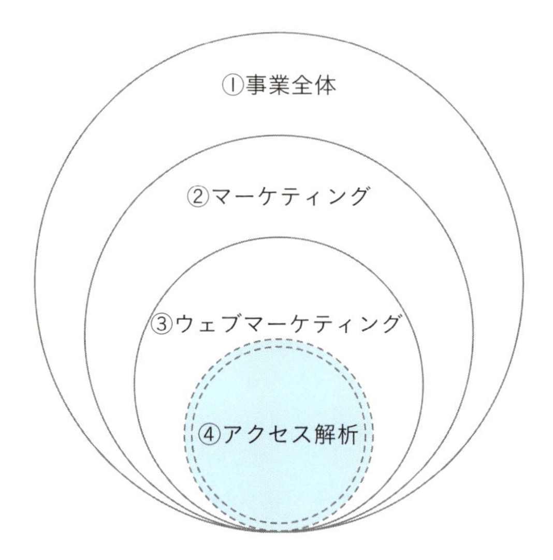

①事業全体……サービスや商品の改良、料金設定、経営などの施策
②マーケティング……Webサイト以外も含めて販促、売上増加のための施策
③ウェブマーケティング……②の中のWebに特化した施策
④アクセス解析……③の施策に関する効果の検証

目標は一度決めたらそれで終わりではなく、現状に合わせて修正しながら運用します。目標が決まり、Googleアナリティクスの設定が完了したら、PDCA（P.15参照）を回しながら成果に近づけていきましょう。

Chapter 7

Googleアナリティクスをもっと使いやすくしよう

Googleアナリティクスの
基本的な使い方がわかったら、
次は使いやすいように
カスタマイズしてみましょう。

Section 46 Googleアナリティクスの使いこなし方法を知ろう

Googleアナリティクスには、必要なデータだけを選んで表示したり、重要なデータを組み合わせてカスタマイズする機能があります。ここではさらに一歩進んだ活用について解説します。

より便利な機能について知ろう

Googleアナリティクスの「カスタム」機能には、よく見るデータをあらかじめ登録しておいたり、何かデータに変化があったときに通知してくれる機能があります。

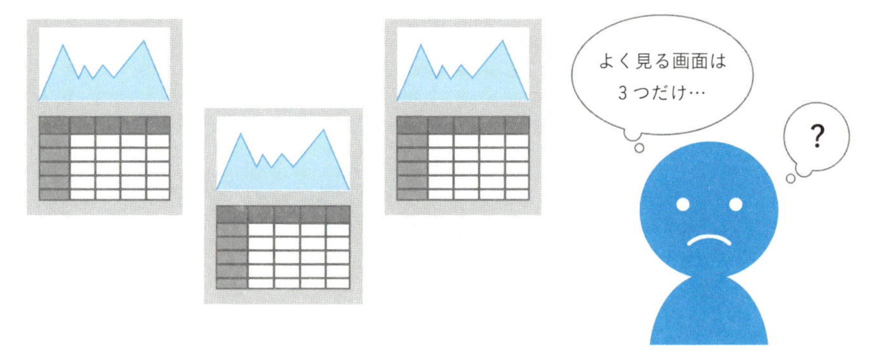

よく見るデータをあらかじめ登録してすぐ見られる

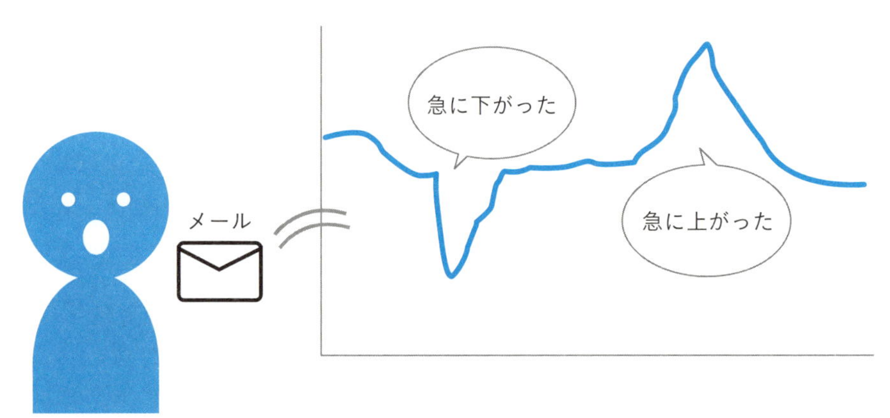

変化があったらすぐに通知してくれる

「カスタム」機能について知ろう

Googleアナリティクスの「カスタム」画面には「マイレポート一覧」「カスタムレポート」「保存済みレポート」「カスタムアラート」の4つの機能があります。

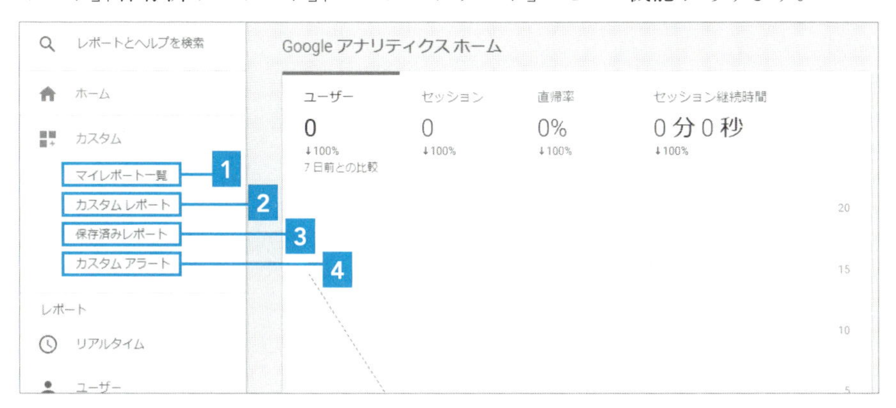

1 マイレポート一覧

Googleアナリティクスの複数レポートを1つの画面にして表示できる機能です。よく見る画面を登録しておけば、すばやく必要なデータを閲覧することができます。

2 カスタムレポート

複数のデータを組み合わせて、表示できる機能です。

3 保存済みレポート

あらかじめ保存してあるレポートの一覧が表示されます。

4 カスタムアラート

設定した条件に合わせて、通知を送る設定ができます。

Googleアナリティクスの「カスタム」機能を使わなくてもデータを閲覧したり、分析することは可能ですが、必要な情報だけコンパクトにまとめられる「マイレポート」や、複数のデータを組み合わせ表示する「カスタムレポート」を使うことによって、業務効率の向上に役立てることができます。

Section 47 よく見るデータをマイレポートに設定しよう

「カスタム」機能の一つ「マイレポート」を設定して、必要な情報にすばやくアクセスできるようにしましょう。

マイレポートとは

「マイレポート」は、複数レポート画面を1つにまとめて表示することができます。よく見るレポートや指標などを登録しておきましょう。
マイレポートは「共有」することができ、「エクスポート」機能を使うことでPDF形式でレポートをダウンロードすることもできます。複数人でレポートを見るときにも役立ちますので、使い方を覚えておきましょう。

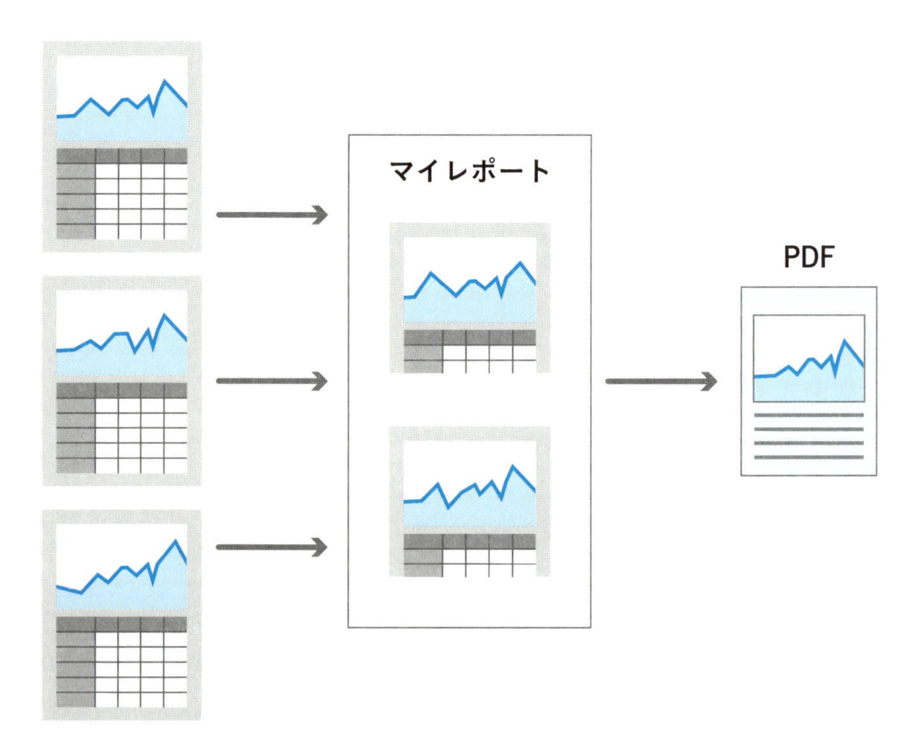

よく見る指標やレポートをすぐに見ることができます。

マイレポートを作成しよう

以下の手順で、マイレポートを作成してみましょう。

① サイドメニューで「カスタム」をクリックして、「マイレポート一覧」をクリックします 1。

② 「作成」をクリックします 1。

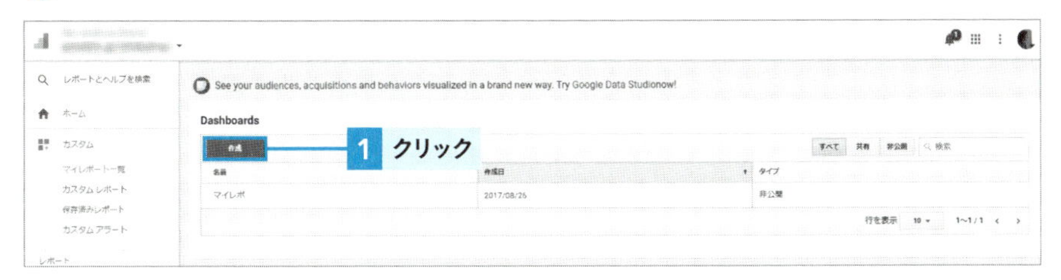

③ 「マイレポートの作成」が表示されます。「デフォルトのマイレポート」をクリックし 1、「無題のマイレポート」に、名称を入力します 2。「マイレポートを作成」をクリックします 3。

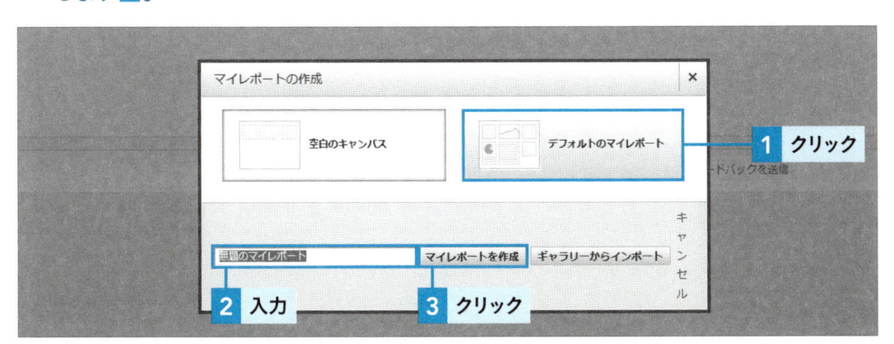

④ デフォルトのマイレポートが表示されました。初期状態では8つの指標が表示されています。

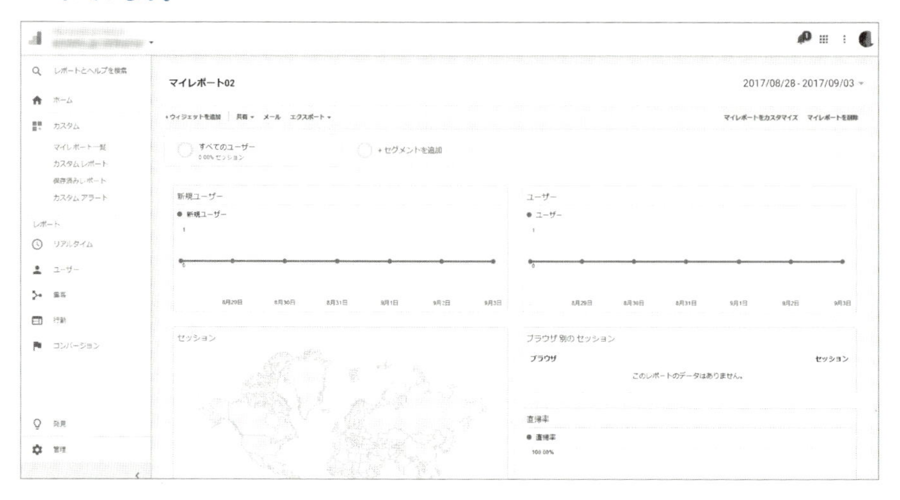

メモ 「空白のキャンバス」とは

「デフォルトのマイレポート」を選択すると、P.173のように8つの指標が初期状態で表示されます。一方、P.171手順 3 の画面で「空白のキャンバス」を選択すると、次の画面が表示され、何もない状態から自分で指標などを追加してマイレポートを作成することになります。

ウィジェットの追加 ×

ウィジェットの名前:
新しいウィジェット
標準:
2.1 指標 | タイムライン | 地図表示 | 表形式 | 円グラフ | 棒グラフ
リアルタイム:
2.1 カウンタ | タイムライン | 地図表示 | 表形式
次の指標を表示:
指標を追加
このデータをフィルタ:
フィルタを追加
レポートまたは URL のリンク:
保存 キャンセル ウィジェットを複製

「デフォルトのマイレポート」で最初に表示されている指標

「デフォルトのマイレポート」では、以下の画面のように8つの指標（ウィジェット）が表示されています。指標は後から追加することもできます。

「マイレポート」では「空白のキャンバス」と「デフォルトのマイレポート」のどちらかを選んで、作成することができます。ここではわかりやすく、「デフォルトのマイレポート」を選択してスタートしていますが、慣れてきたら最初から作成する「空白のキャンバス」を選んで作成してもよいでしょう。

Section 48 マイレポートを使いやすく編集しよう

「デフォルトのマイレポート」には8つのウィジェットが表示されています。よく使うウィジェットと使わないものを取捨選択し、不足の指標は追加して、使いやすく編集してみましょう。

グラフや表を追加しよう

「ウィジェットの追加」を使って、グラフや表を追加してみましょう。

①「ウィジェットを追加」をクリックします 1。

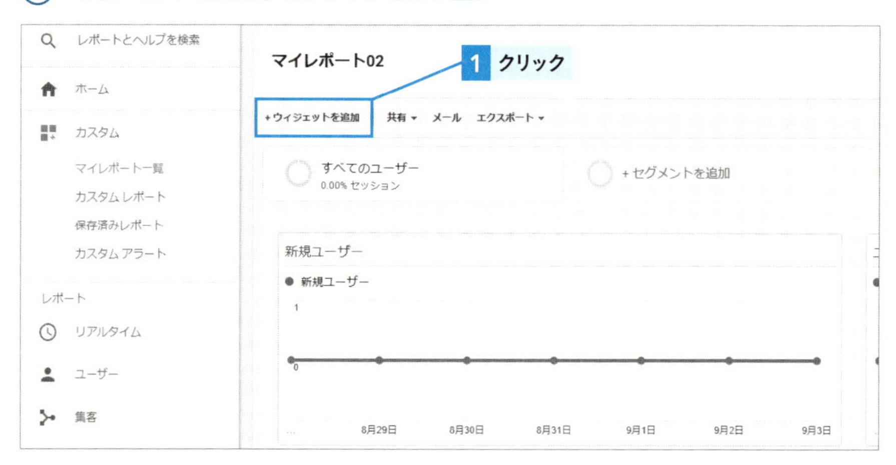

② 表示形式を「標準」では6種類、「リアルタイム」では4種類から選択できます。ここでは、「標準」の「タイムライン」をクリックします 1。

③「次の指標の一定期間のデータをグラフで表示」をクリックし、プルダウンメニューから表示させる指標を選択します。ここでは「離脱率」を選択しました 1 。「保存」をクリックします 2 。

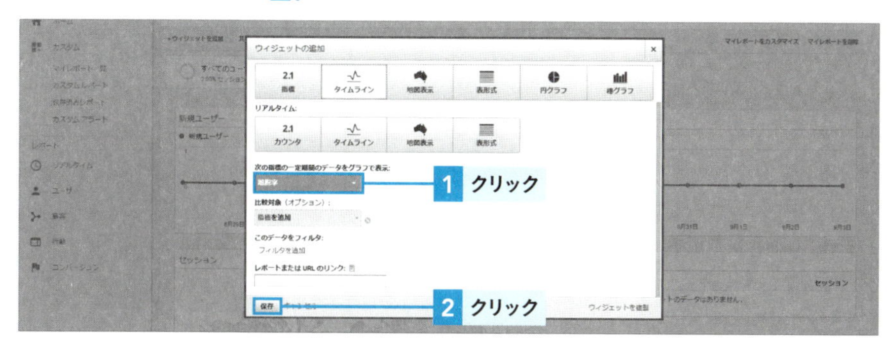

④追加したウィジェットが、一番下に表示されます。

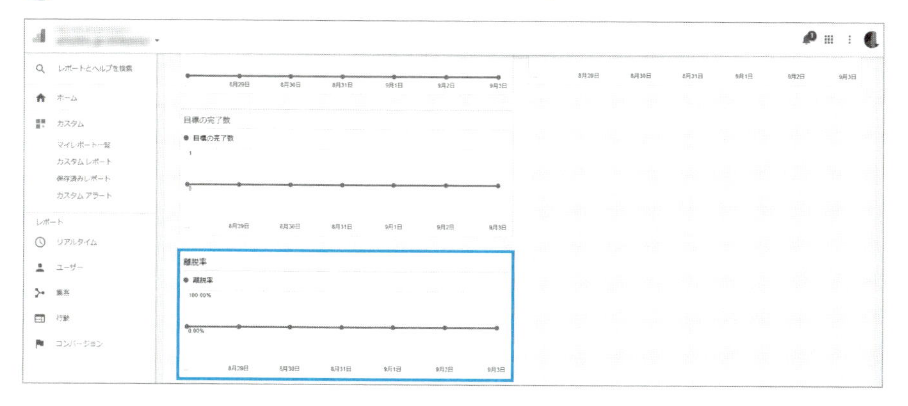

ウィジェットをカスタマイズしよう

ウィジェットの中で、不要な情報があれば、削除しましょう。

①ウィジェットの右上に表示される「×」をクリックし 1 、次に表示される画面で「このウィジェットを削除する。」をクリックします 2 。

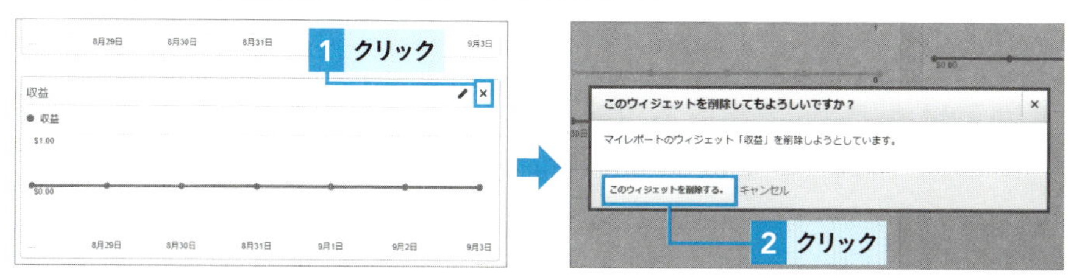

ウィジェットの情報を絞り込んで表示しよう

表示されているデータをさらに絞り込んで表示することができます。たとえば「新規ユーザー」の中でSNS経由で訪問しているユーザー数を見たい場合、以下の手順で絞り込みをします。

① 「新規ユーザー」ウィジェットの編集ボタンをクリックします 1 。

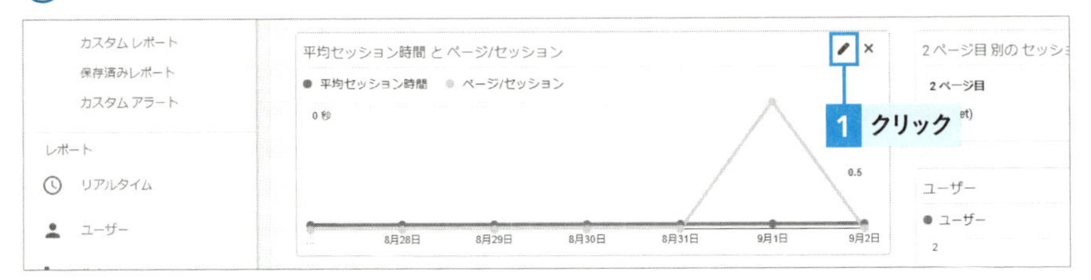

② 「このデータをフィルタ」の「フィルタを追加」をクリックします 1 。

③ 「ディメンションを追加」をクリックすると 1 、候補の一覧が表示されます。ここでは「ソーシャルメディアからの参照」をクリックします 2 。「保存」ボタンをクリックします 3 。

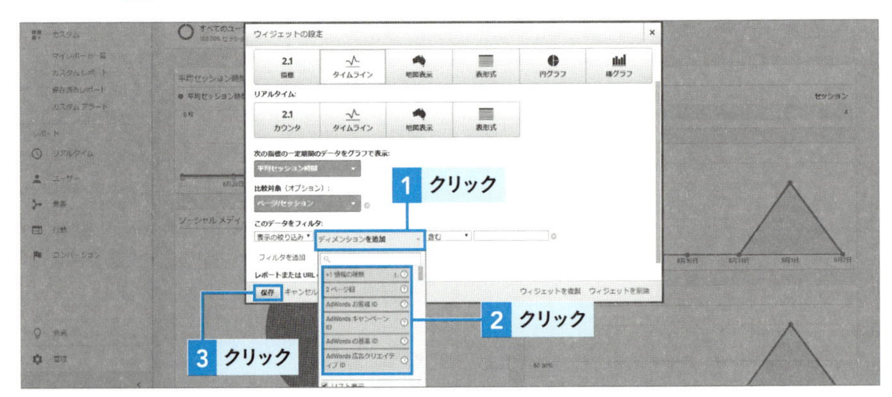

④ データが絞り込まれて表示されます。

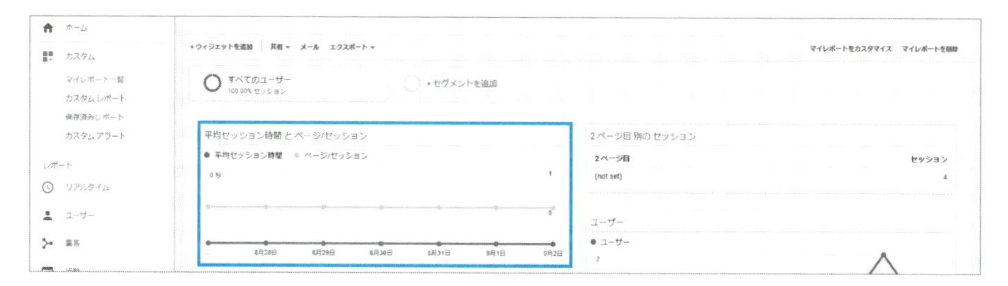

レイアウトを変更しよう

「マイレポート」では、ウィジェットを移動させて順番を変更することができます。

① 移動したいウィジェットの名前欄にマウスカーソルを移動します 1 。

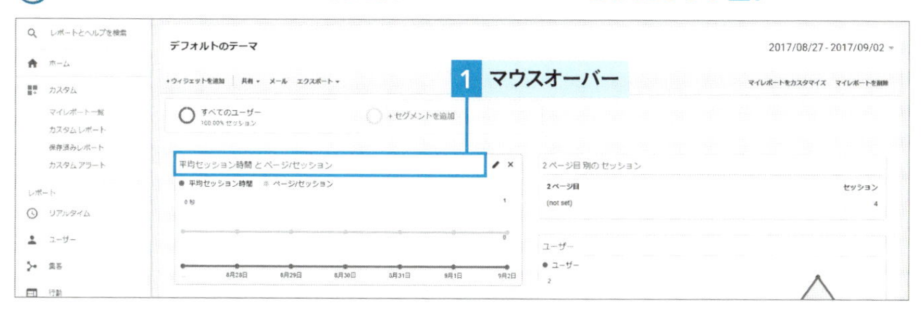

② マウスカーソルの形状が変わるので、配置したいエリアまでドラッグします 1 。

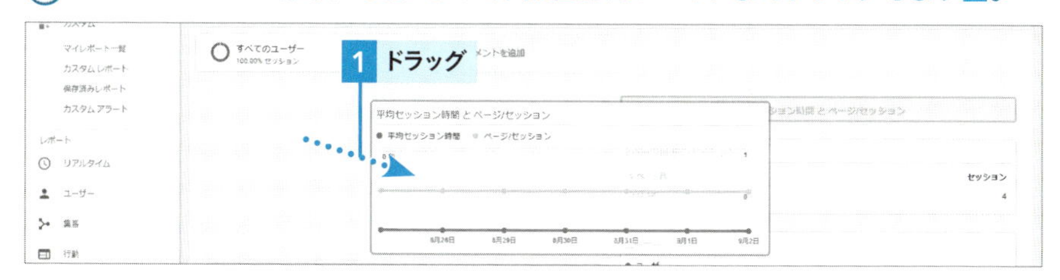

「マイレポート」の初期状態から、必要なものを追加し、不要なものを削除することで、より使いやすいレポートになります。順番の変更もできるので、よく見る指標のウィジェットは見やすい場所に配置するようにしましょう。

Section 49

よく見るレポートを保存しておこう

「マイレポート」では、よく見る指標を「ウィジェット」という形で配置して一覧にしましたが、よく見る画面を「保存済みレポート」という形で「カスタム」のメニューに追加することができます。

「保存済みレポート」へ登録しよう

たとえば、レポートの中で「行動」>「サイトコンテンツ」>「すべてのページ」をすぐに閲覧できるようにしたい場合、その画面を「保存」というメニューを使って、「保存済みレポート」へ追加することができます。以下の手順で追加してみましょう。

① サイドメニューで「行動」をクリックして、「サイトコンテンツ」>「すべてのページ」をクリックします 1 。

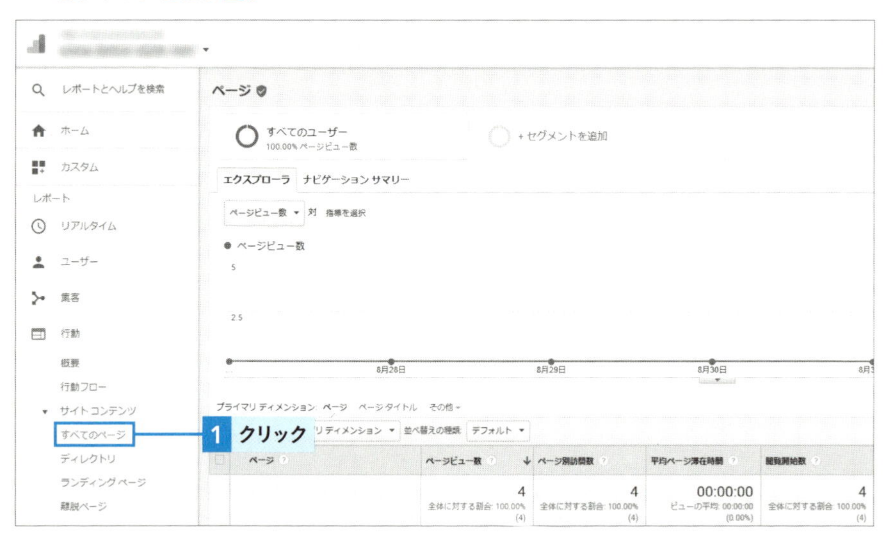

②「保存」をクリックします 1 。

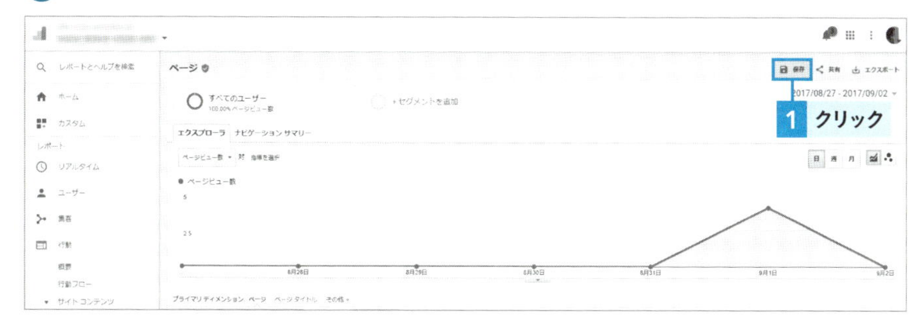

③ 保存するレポートの名前を入力し 1 、「OK」をクリックします 2 。

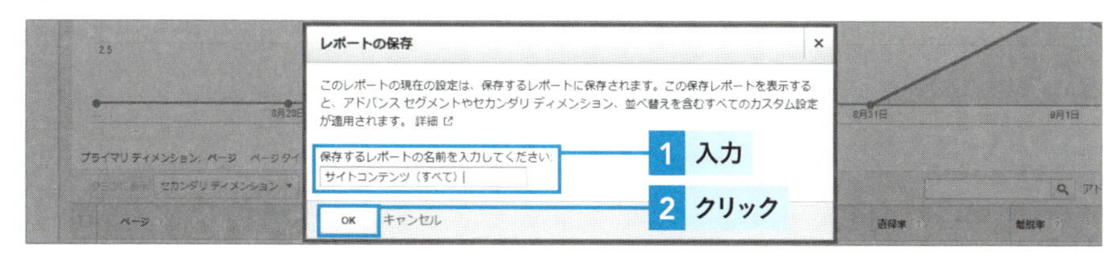

④「カスタム」の「保存済みレポート」に表示されるようになりました。

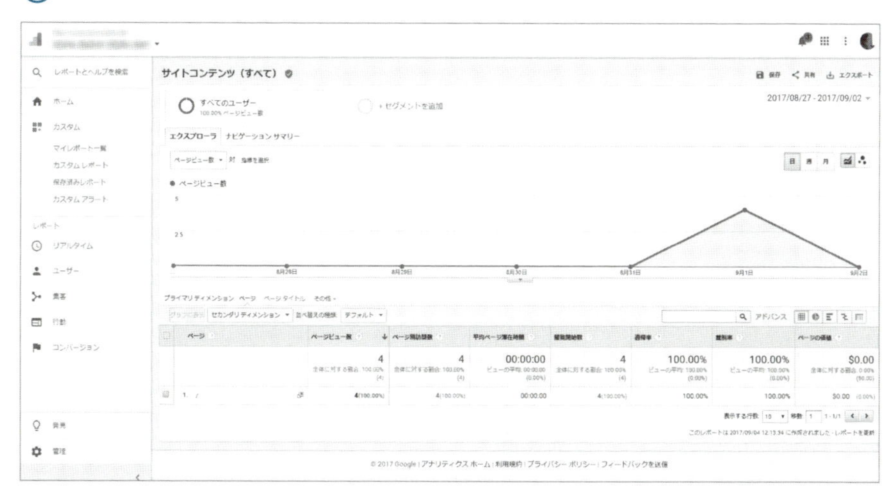

「保存済みレポート」は、よく見るレポート画面を登録し、すばやくアクセスできるようにする機能です。以前は「ショートカット」という名称でしたが、「保存済みレポート」に変更になりました。「保存」ができるレポートとできないレポートがあるので、注意してください。

Section 50 カスタムレポートで独自のレポートを作成しよう

「カスタムレポート」は複数のデータを組み合わせて、好みの分析データを表示できる機能です。マイレポートとの違いも含めて解説します。

カスタムレポートについて知ろう

「マイレポート」は、よく見る画面を集めて並べた「ダッシュボード」のような役割でしたが、「カスタムレポート」は「ディメンション」と「指標」をかけ合わせ、独自の指標を作成できる機能です。

ディメンション

・都市
・ブラウザ
・性別
・年齢　　など

指標

・セッション
・ページビュー
・直帰率
・離脱率　　など

メモ 「指標」と「ディメンション」の違い

「指標」は何かを数えた数値や計算結果です。「ディメンション」はデータの属性、つまり「○○別に見る」という分析軸のことをいいます。レポート上の表記では、縦の列が指標、行がディメンションになります。

	21 全体に対する割合: 95.45% (22)	71.43% ビューの平均: 72.73% (-1.79%)	15 全体に対する割合: 93.75% (16)	71.43% ビューの平均: 72.73% (-1.79%)	2.29 ビューの平均: 2.23 (2.62%)	00:02:01 ビューの平均: 00:01:55 (4.76%)	0.00% ビューの平均: 0.00% (0.00%)	0 全体に対する割合: 0.00% (0)	$0.00 全体に対する割合: 0.00% ($0.00)
1. Chiba Prefecture	6 (28.57%)	33.33%	2 (13.33%)	33.33%	5.00	00:05:18	0.00%	0 (0.00%)	$0.00 (0.00%)
2. Tokyo	6 (28.57%)	100.00%	6 (40.00%)	83.33%	1.17	00:00:03	0.00%	0 (0.00%)	$0.00 (0.00%)
3. Nara Prefecture	3 (14.29%)	33.33%	1 (6.67%)	100.00%	1.00	00:00:00	0.00%	0 (0.00%)	$0.00 (0.00%)
4. Hokkaido	1 (4.76%)	100.00%	1 (6.67%)	100.00%	1.00	00:00:00	0.00%	0 (0.00%)	$0.00 (0.00%)
5. Miyagi Prefecture	1 (4.76%)	100.00%	1 (6.67%)	100.00%	1.00	00:00:00	0.00%	0 (0.00%)	$0.00 (0.00%)
6. Saitama Prefecture	1 (4.76%)	100.00%	1 (6.67%)	100.00%	1.00	00:00:00	0.00%	0 (0.00%)	$0.00 (0.00%)
7. Kanagawa Prefecture	1 (4.76%)	100.00%	1 (6.67%)	100.00%	1.00	00:00:00	0.00%	0 (0.00%)	$0.00 (0.00%)
8. Hyogo Prefecture	1 (4.76%)	100.00%	1 (6.67%)	0.00%	3.00	00:10:15	0.00%	0 (0.00%)	$0.00 (0.00%)
9. Wakayama Prefecture	1 (4.76%)	100.00%	1 (6.67%)	100.00%	1.00	00:00:00	0.00%	0 (0.00%)	$0.00 (0.00%)

カスタムレポートを作成しよう

カスタムレポートを作成してみましょう。ここでは、都市別の直帰数をカスタムレポートとして登録します。

①サイドメニューで「カスタム」>「カスタムレポート」をクリックし1、「新しいカスタムレポート」をクリックします2。

②「タイトル」と「レポートの名前」に、わかりやすい名称を入力します1。ここではタイトルを「都市別ユーザー行動」、レポートの名前を「都市別直帰数」と設定しました。

カスタム レポートの作成

全般情報

タイトル　都市別ユーザー行動

レポートの内容

都市別直帰数 ×　+レポート タブを追加

名前　都市別直帰数

種類　エクスプローラ　フラット テーブル　地図表示

指標グループ　指標グループ　+指標を追加

1 入力

③「指標を追加」をクリックします1。

カスタム レポートの作成

全般情報

タイトル　都市別ユーザー行動

レポートの内容

都市別直帰数 ×　+レポート タブを追加

名前　都市別直帰数

種類　エクスプローラ　フラット テーブル　地図表示

指標グループ　指標グループ　+指標を追加

1 クリック

④「ユーザー」の「直帰数」をクリックします1。

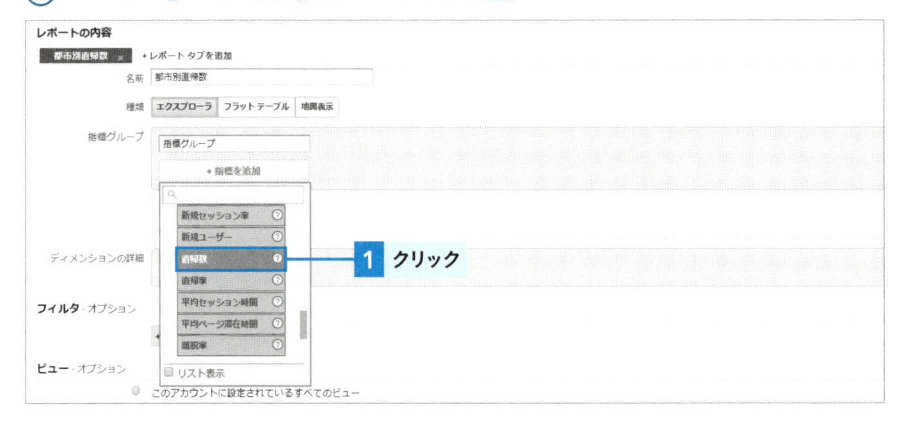

⑤「ディメンションを追加」をクリックします1。

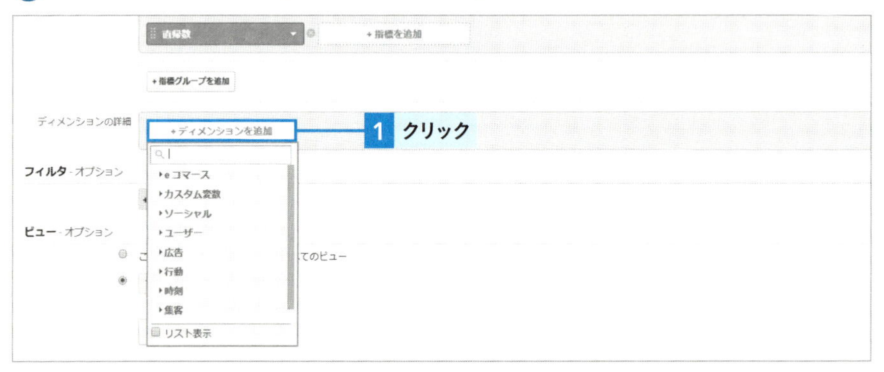

⑥「ユーザー」>「市区町村」をクリックし1、「保存」をクリックします2。

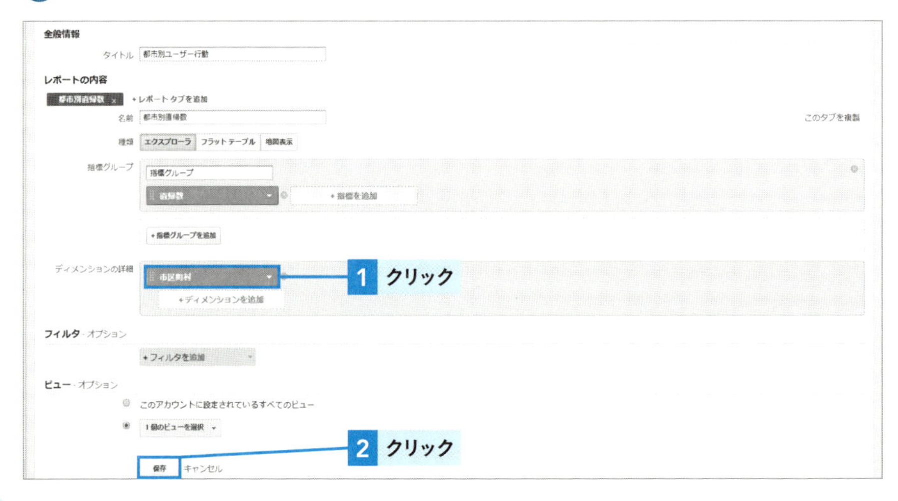

⑦ カスタムレポートが表示されました。都市ごとの直帰数がわかります。

カスタムレポートの表示形式の種類について知ろう

カスタムレポートの表示形式には、「エクスプローラ」「フラットテーブル」「地図表示」の3種類があります。手順⑦の画面は「エクスプローラ」形式での表示です。カスタムレポートの表示形式を変更するには、P.181手順②以降の画面で、「レポートの内容」欄の「種類」の項目で選択します。

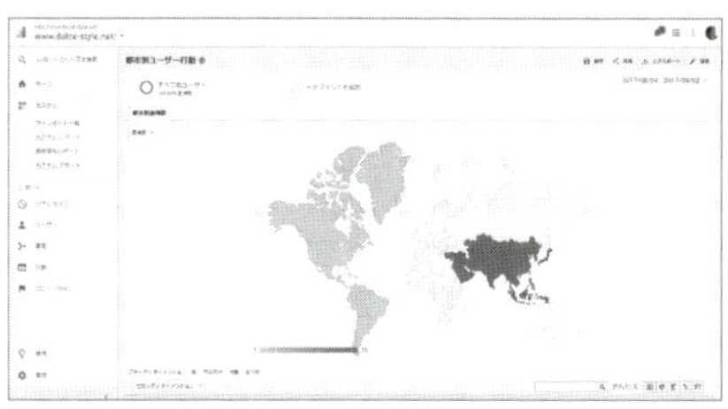

「地図表示」

「フラットテーブル」

カスタムレポートは、「指数」と「ディメンション」を組み合わせて、独自の指標を作ることができます。自社にとって必要な項目だけを設定することで、より効率よく分析できるようになります。スピーディーなレポート作成のためにも、ぜひ活用してください。

Section 51 レポートをいろいろな形式で保存しよう

「マイレポート」や「カスタムレポート」はPDFやCSVなどの形式で保存することができます。データでレポートを提出する必要がある場合などに使います。

PDF形式で保存しよう

① カスタムレポートを作成後、P.181手順①の画面で作成したレポート名をクリックします 1 。

② 「エクスポート」をクリックし 1 、「PDF」をクリックします 2 。

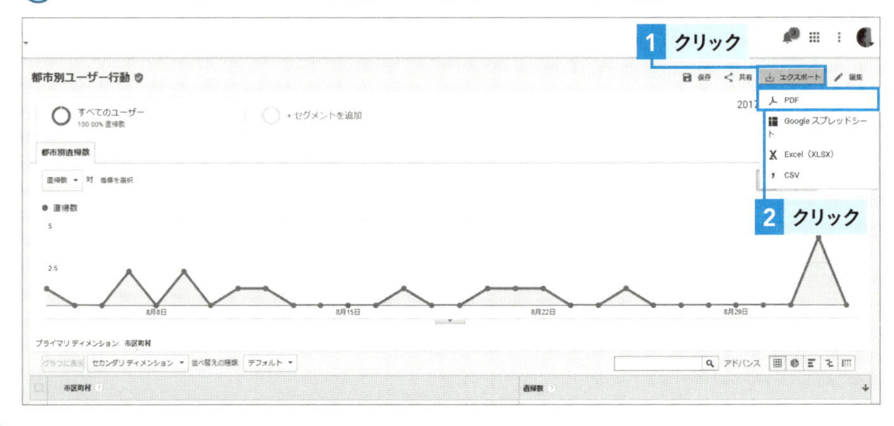

③「名前を付けて保存」画面が表示されるので、<保存>をクリックします1。

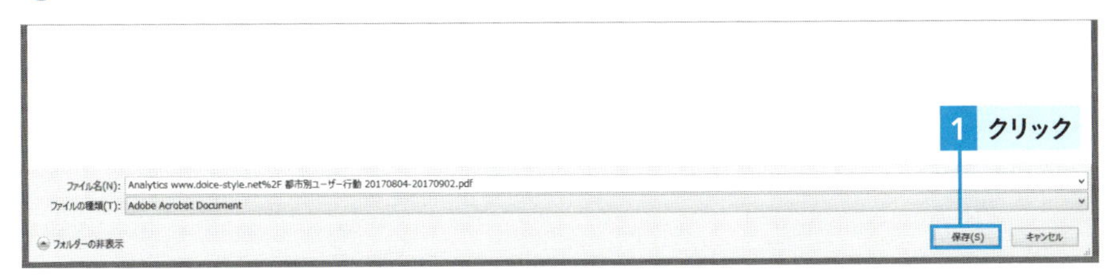

CSV形式で保存しよう

①P.184手順②の画面で「CSV」をクリックすれば1、CSV形式で保存することができます。

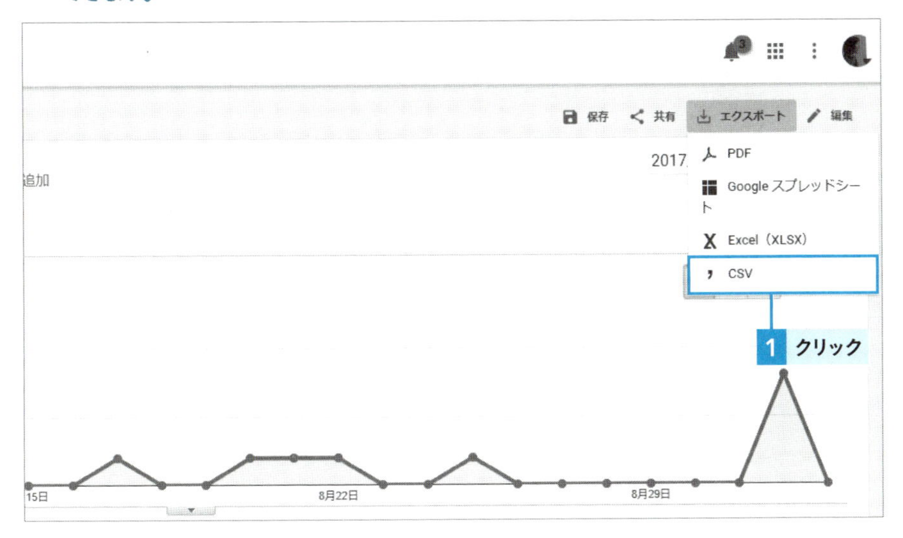

メモ 保存できる形式

「カスタムレポート」では、「PDF」「Googleスプレッドシート」「Excel」「CSV」の4形式から選択できますが、「マイレポート」では「PDF」のみが選択可能です。

レポートは、PDFやExcelなどの形式でダウンロードすることができます。データ形式でレポートを提出する場合に活用しましょう。「エクスポート」機能を使うことを覚えておきましょう。

Section 52

アクセス状況の急な変化をすばやく確認しよう

Googleアナリティクスには、アクセス数の急激な増加や減少を知らせる「アラート」機能がついています。メールで通知が届くように設定し、変化を察知できるようにしましょう。

「カスタムアラート」機能について知ろう

「カスタムアラート」の機能を使うことで、Webサイトへのアクセスの急激な変化を、メールなどで通知することができます。たとえば、急激なアクセス数の増減があった場合、すばやく現状を把握し、その後の対処や判断に役立てることができます。

カスタムアラートは、通知が来る条件を独自で設定することができます。例として、東京からのアクセスが通常の20%を超えたとき、あるいはFacebookからのアクセスが通常の10%を超えたときなど、用途に合わせて設定しましょう。

カスタムアラートを設定しよう

まずはカスタムアラート画面を表示してみましょう。ここからさまざまなアラートを設定することができます。

① サイドメニューで「カスタム」をクリックして、「カスタムアラート」をクリックします1。

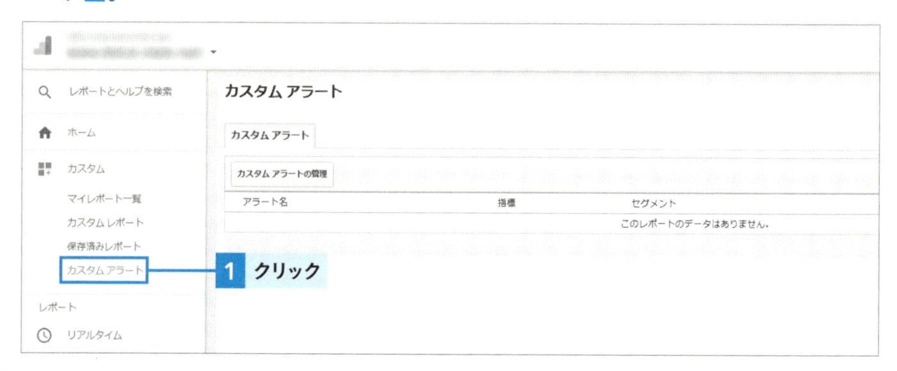

②「カスタムアラートの管理」をクリックします1。

③「新しいアラート」をクリックします1。

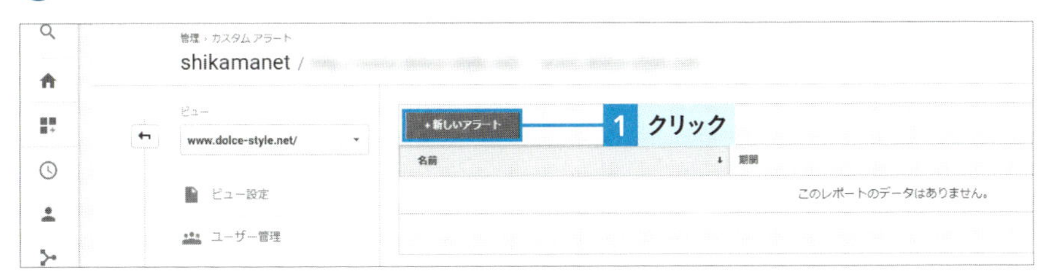

④カスタムアラートの設定画面が表示されます。

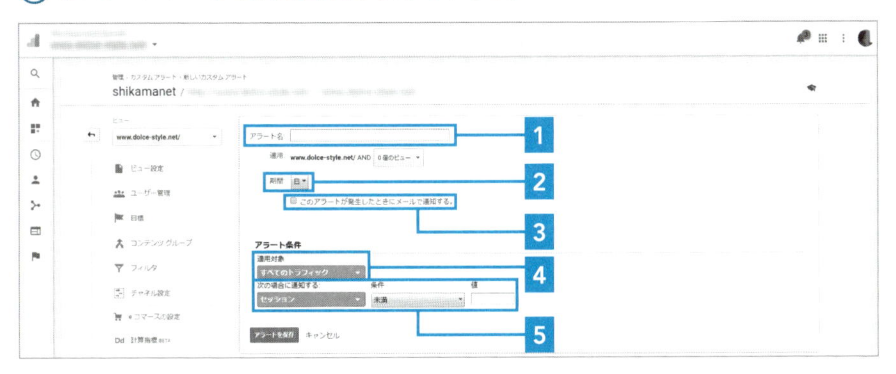

1アラート名：アラートごとに名称を設定します。わかりやすい名前を付けましょう。

2期間：「日」「週」「月」から選択します。

3通知チェック：メールで通知する場合はチェックを付けます。

4アラート条件「適用対象」：すべてのトラフィック、あるいは「ユーザー」「集客」「行動」などから選択して設定します。

5アラート条件「次の場合に通知する」：「ページビュー数」「直帰率」「平均セッション時間」のほか、「目標」「eコマース」などの項目も条件として設定できます。

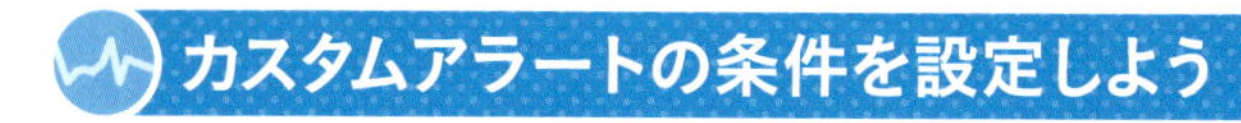

カスタムアラートの条件を設定しよう

条件を設定しましょう。ここでは「Facebookからの流入が通常より10%以上増加したら、アラートを通知する」を条件として設定します。

①P.187手順④の画面を表示して、「アラート条件」の「運用対象」で「すべてのトラフィック」をクリックします1。

②プルダウンメニューが表示されるので、「集客」をクリックし1、表示されるメニューから「参照元」をクリックします2。

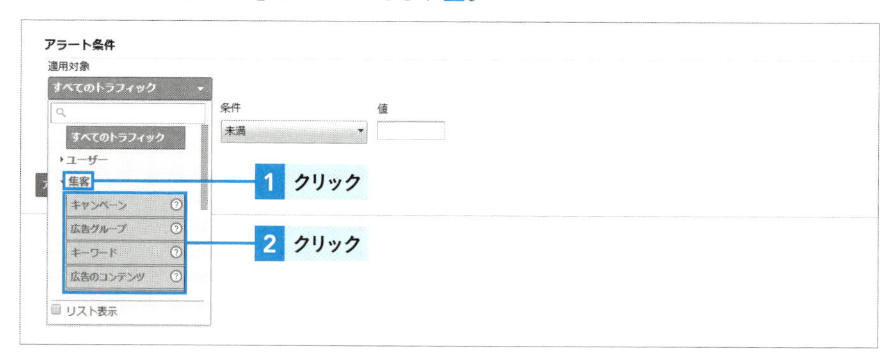

③「条件」を「含まれるキーワード」に設定し1、「値」に「facebook」と入力します2。

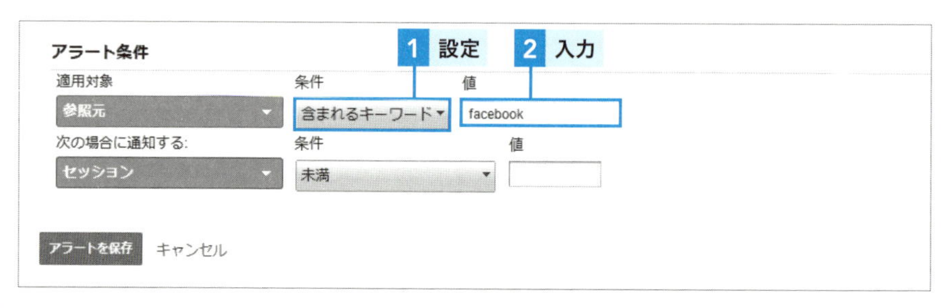

④「次の場合に通知する」の「ページビュー数」条件を「%以上増加」1、「値」に「10」2、「比較対象」を「前週の同じ曜日」に設定します3。

⑤アラート名を入力し1、期間を「日」に設定し2、「このアラートが発生したときにメールで通知する」をクリックしてチェックを入れ3、「アラートを保存」をクリックすれば4、カスタムアラートの設定が完了です。

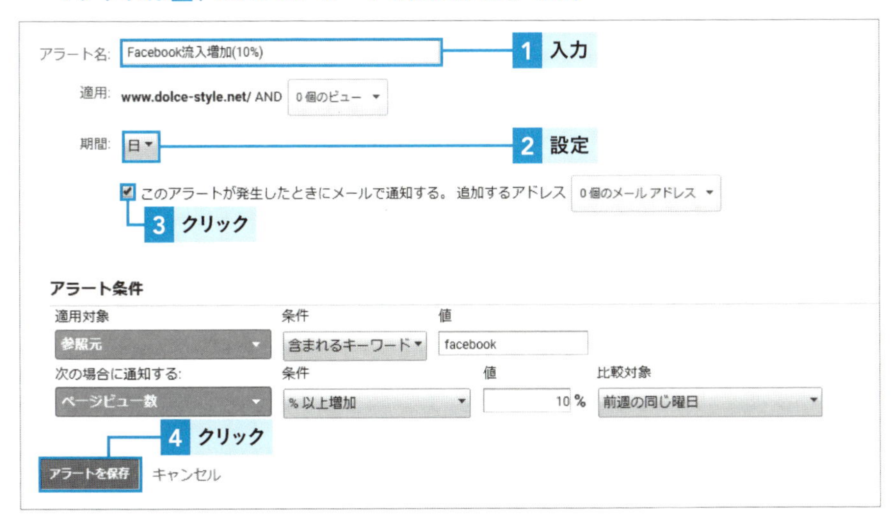

カスタムアラートは、Webサイトに何らかの急激な変化があった場合に、知らせてくれる機能です。何か施策をおこなったときに活用できるほか、予想外の変化が起こったときにも便利です。

Section 53

運用する担当者を追加しよう

Googleアナリティクスでは、解析するユーザーを追加し、権限の設定などができる機能がついています。ここでは、運用する担当者を追加する方法を解説します。

ユーザーを追加する理由を知ろう

企業のWebサイトを分析する場合、すべて1人でおこなうのは非効率な場合があります。また、実際にデータを見て分析したり、改善案を検討する場合、複数人で担当した方がさまざまな角度から検討できるというメリットもあります。場合によっては、外部のアドバイザーやコンサルタントとデータを共有するというケースもあるでしょう。

Googleアナリティクスには、複数のユーザーを追加できる機能があり、それぞれに権限を設定することができます。必要に応じてユーザーを追加し、効率よく管理していきましょう。

なお、追加できるのは、Googleアカウントを持っているユーザーのみです。

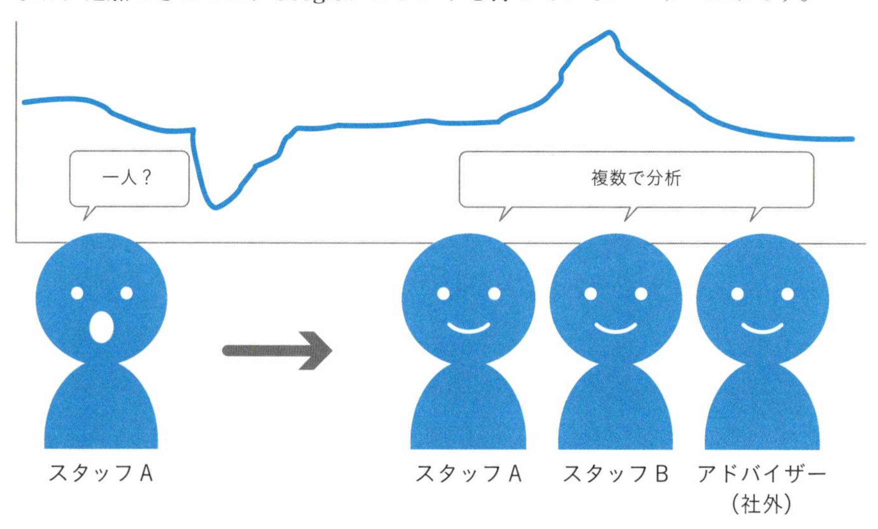

ユーザーを追加しよう

それでは実際にユーザーを追加する手順を確認しましょう。

① サイドメニューで「管理」をクリックします**1**。

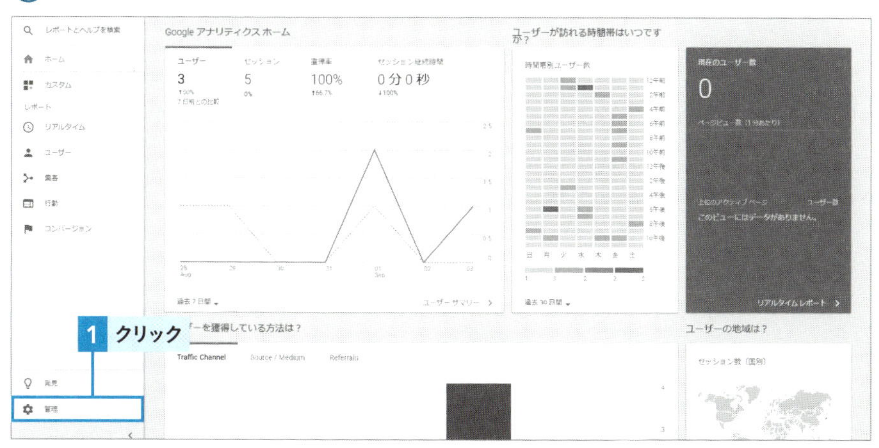

② 「プロパティ列」の「ユーザー管理」をクリックします**1**。

③ 「権限を付与するユーザー」に追加ユーザーのGoogleアカウントのメールアドレスを入力し**1**、「追加」をクリックします**2**。「このユーザーにメールで通知」にチェックを付けておけば、追加ユーザー宛にメールが届きます。

権限を変更しよう

追加したユーザーの権限を変更してみましょう。

① P.191手順②の画面を表示して、「プロパティ」列の「ユーザー管理」をクリックします 1。

② 「プロパティのアクセス許可」欄で現在の権限をクリックして 1、権限を変更します。

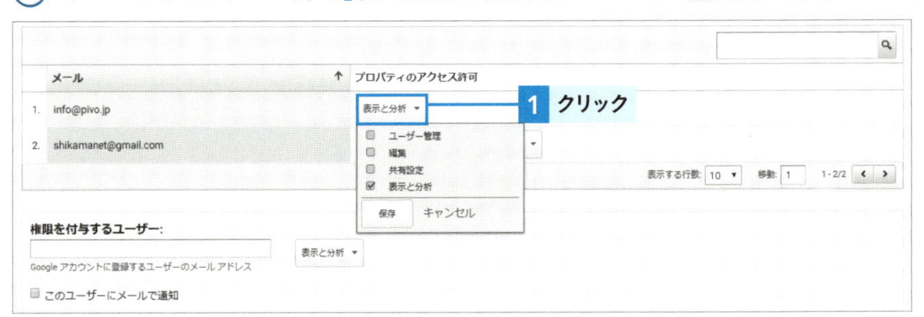

メモ 権限の種類について

追加ユーザーの権限は、下記の4種類です。最初は「表示と分析」に設定されています。特に変更する必要がなければ、「表示と分析」のままでOKです。

ユーザー管理	ユーザーの追加や削除、権限の設定など、他のユーザー管理ができる権限です。編集や共同編集の権限は含まれません。
編集	管理やレポートに関する操作や、レポートデータの表示が可能な権限です。「共有設定」の権限が含まれます。
共有設定	個人のアセットを作成し、共有できる権限です。「表示と分析」の権限が含まれます。
表示と分析	レポートと構成データの表示、レポート内でのデータ操作などができる権限です。

ユーザーを削除しよう

追加したユーザーは、以下の手順で削除することができます。

① P.191手順②の画面を表示して、「アカウント」列の「ユーザー管理」をクリックします 1 。

② 削除したいユーザーの右に表示されている「削除」をクリックします 1 。

③ 「ユーザーを削除」をクリックして 1 、完了です。

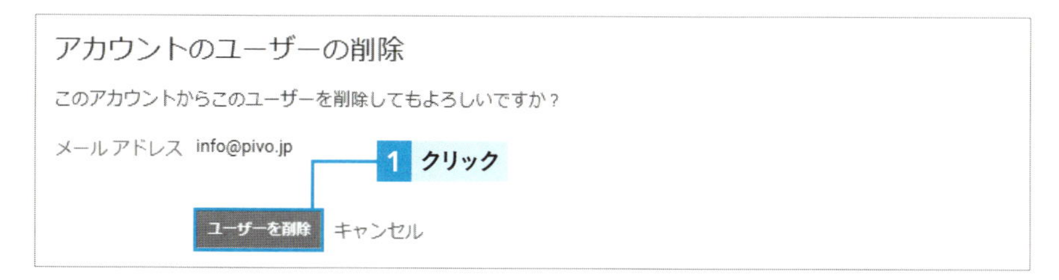

Googleアナリティクスでユーザーを追加する場合、権限は4種類ありますが、迷ったらまずは「表示と分析」に設定しましょう。一方、社内の複数人で管理するケースで、アカウント保有者と同じ権限を付与するのであれば、4種類すべてにチェックをします。

複数でチェックするとなぜいいの？

Googleアナリティクスの機能で意外と知られていないのが、「複数人で共有」する機能です。現在、運営中のWebサイトを社内の別担当者と一緒に分析したい、あるいは外部の制作会社やコンサルティング会社の担当者とデータ共有したいという場合には、ぜひ「ユーザー管理」で「権限を付与するユーザー」追加を使ってみてください。

情報共有は、PDFやCSVデータをダウンロードし、関係者に配布するという形でもできますが、リアルタイムで起こっているできごとを分析したいときには、やはり画面そのものを共有した方が、効率よく管理できます。

なお、複数人でチェックするメリットとしては

・複数の異なる視点で分析できる
・大規模なWebサイトの場合、担当者の負担を軽減できる
・専門家と共有することで、より的確なアドバイスを得られる

などが挙げられます。

小規模サイトで、特に複数人で見る必要がない場合は不要ですが、ある程度の規模があるWebサイトであれば、複数でのデータ共有をおすすめします。

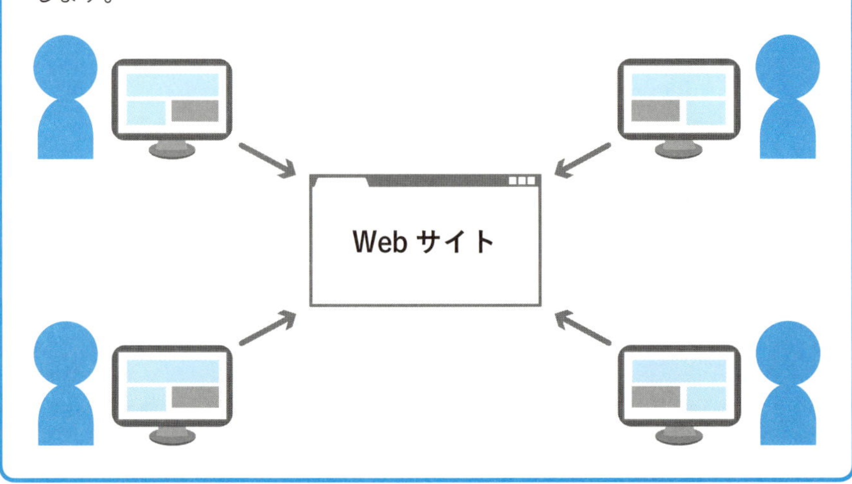

Chapter 8

Googleサーチコンソールと連携して分析&改善しよう

Googleアナリティクスは
単体でも有用ですが、
Googleサーチコンソールと
組み合わせることで、もっと便
利に使えるようになります。

Section 54 Googleサーチコンソールも使って分析の幅を広げよう

Googleアナリティクスでは「not provided」(Sec.27参照)になってしまい、ほとんど分析できない流入キーワードが「Googleサーチコンソール」を使うことによって、分析ができるようになります。

Googleサーチコンソールの役割とは

Googleサーチコンソールは、検索結果でのサイトのパフォーマンスを監視、管理できる無料ツールです。Webサイトの訪問者が何のキーワードで検索しているか、あるいは検索順位に影響するような不具合がないかなどをチェックすることができます。

なおGoogleサーチコンソールを使用するには、Googleサーチコンソールのアカウントを開設するほか、Webサイト側への設定が必要になります。

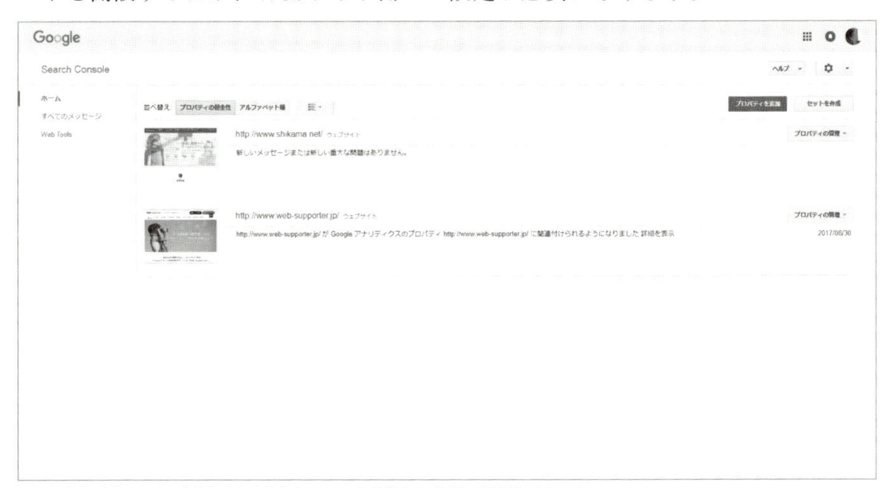

Googleアナリティクスだけではできなかった、より詳しい分析に活用しましょう。

Googleサーチコンソールについて知ろう

Googleサーチコンソールは、「Googleアナリティクスとはどう違うの？」と疑問に思う人もいるでしょう。Googleアナリティクスは、おもにWebサイトへの訪問状況を分析するもの、GoogleサーチコンソールはWebサイトとGoogleとの関係がわかるツールです。

また、Googleサーチコンソールに登録しておくことで、検索順位に影響するトラブルがあった場合、メールで通知が来ることもあります。Googleサーチコンソールは、Webサイトの運営者にとって、Googleアナリティクスと同じぐらい重要なツールです。

Googleアナリティクス

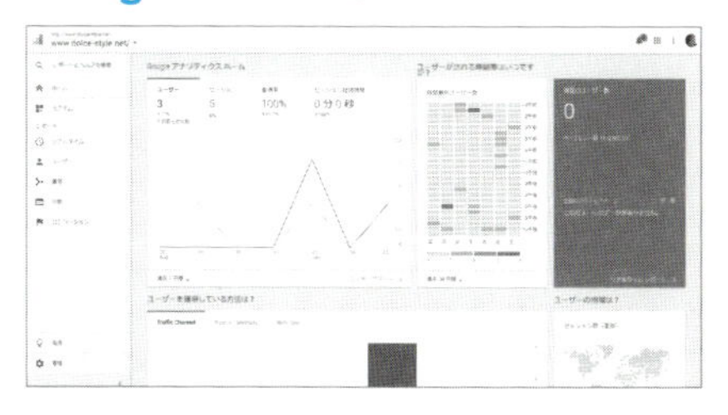

【Webサイトの訪問状況を分析】

- リアルタイムのアクセス状況
- 訪問者（地域、ブラウザ、端末など）
- 集客（流入元、キーワードなど）
- 行動（アクセスの多いページ、直帰や離脱など）

Googleサーチコンソール

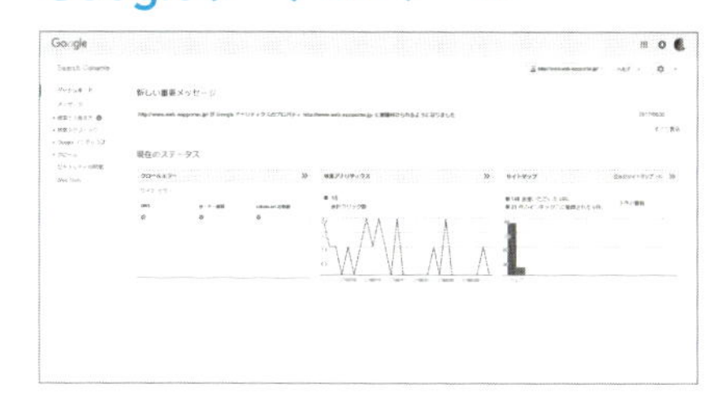

【検索結果への影響を管理】

- キーワードの状況、クリック率
- Googleからの警告確認
- 外部リンクの詳細
- Googleの読み取りエラー
- モバイルユーザービリティ
- 新しく作成したページをGoogleへ知らせる　など

まとめ

Googleサーチコンソールを使うことで、Googleアナリティクスだけではわからなかった事がらが分析できるようになります。キーワードの状況やクリック率、外部リンク状況やモバイルサイトのユーザビリティなど、Webサイトの運営には欠かせない情報ですので、しっかりポイントを押さえておきましょう。

Section 55 Googleサーチコンソールと連携しよう

Googleサーチコンソールは無料で使用できるツールですが、最初に登録が必要です。まずは、初期登録をしましょう。

Googleサーチコンソールを設定しよう

以下の手順で、サーチコンソールの初期登録をしましょう。

① Googleサーチコンソールのページ（https://www.google.com/webmasters/tools/home?hl=ja）へアクセスします。

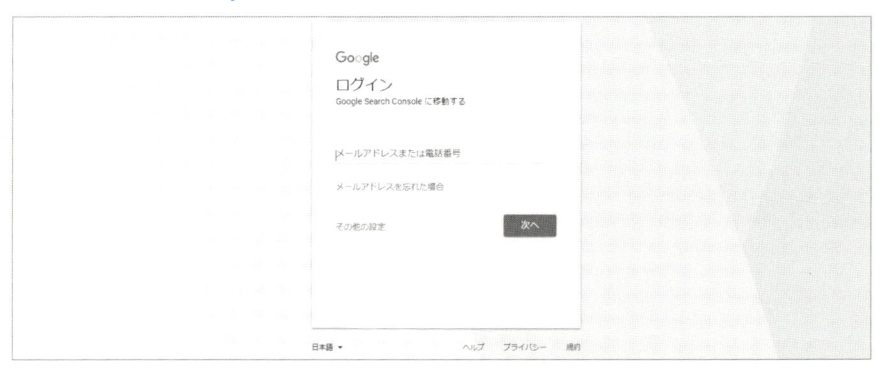

② メールアドレスとパスワードを入力し 1 、＜次へ＞をクリックして、ログインします 2 。

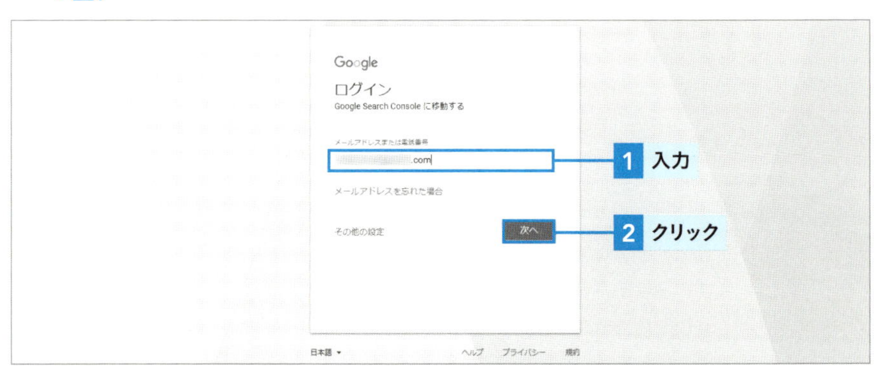

③ 下のAとBのいずれかの画面が表示されるので、表示された画面に従って登録を進めます。

A　WebサイトのURLを入力し1、「プロパティを追加」をクリックします2。

B　「プロパティを追加」をクリックし1、WebサイトのURLを入力して2、「追加」をクリックします3。

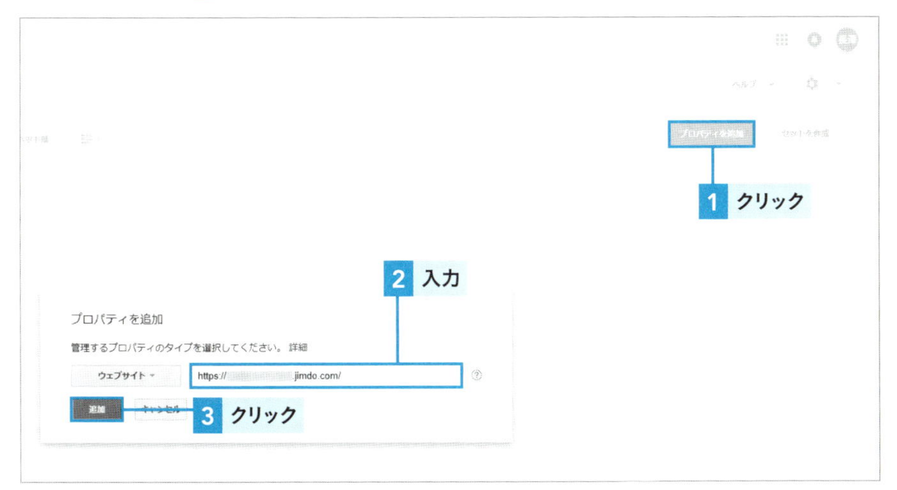

Googleサーチコンソールを登録する際、Googleアカウント（Gmailのアドレス）が必要になりますが、新たに準備をする必要はありません。Googleアナリティクスに登録したのと同じものでOKです。

Webページへの設定をしよう

Googleサーチコンソールへ Webサイトを登録しただけでは、使用することができません。追加したWebサイトのオーナーであるかどうかを確認する作業が必要になります。以下の手順で登録しましょう。

① P.198〜199でWebサイトのURLの登録が終わると、次のページが表示されます。ここで「別の方法」をクリックします 1 。

② 「HTMLタグ」をクリックしてチェックを入れ 1 、表示された「metaタグ」をコピーします 2 。

③ コピーしたmetaタグをWebサイトに貼り付けます。タグ貼り付ける場所は、Webサイトを作成するツールによって異なります。Webサイトを管理する画面の中で「ヘッダー情報編集」や「サーチコンソールのコード貼り付け」「ウィジェットの追加」という名称になっていることが多いです。

```
<!DOCTYPE html>
<html lang="ja">
<head>

        <meta charset="UTF-8">
        <title>千葉のホームページ制作[Shikama.net]</title>
        <meta name="keywords" content="ホームページ制作,千葉,東京">
        <meta name="description" content="千葉･東京で集客できるホームページ制作･Jimdo･Wordpressサイトの制
        作やデザイン、集客やコンサルティング、ウェブ解析などはお任せください。セミナー開催･講師依頼も承っておりま
        す。">

        <meta property="og:url" content="http://shikama.net/">
        <meta property="og:title" content="千葉のホームページ制作[Shikama.net]">
        <meta property="og:site_name" content="千葉のホームページ制作[Shikama.net]">
        <meta property="og:type" content="website">
        <meta property="og:description" content="千葉･東京で集客できるホームページ制作･Jimdo･みんビズ･
        Wordpressサイトの制作･Webデザイン･SEO対策･ブログ構築などを行っています。ご相談はお気軽に！">
        <meta property="og:image" content="static/img/ogp.jpg">
        <meta name="viewport" content="width=device-width,initial-scale=1.0">

        <link rel="stylesheet" href="static/css/common.css">
        <link rel="stylesheet" href="static/css/jquery.jscrollpane.css">

<meta name="google-site-verification" content="31yh1h1fg2Uz0JTKs2UVicuWSzPHJNzoXiY7vH49YbM" />

</head>

<body id="shikamanet">
```

HTML ファイルの場合、<head>～</head> にコードを貼り付けます。

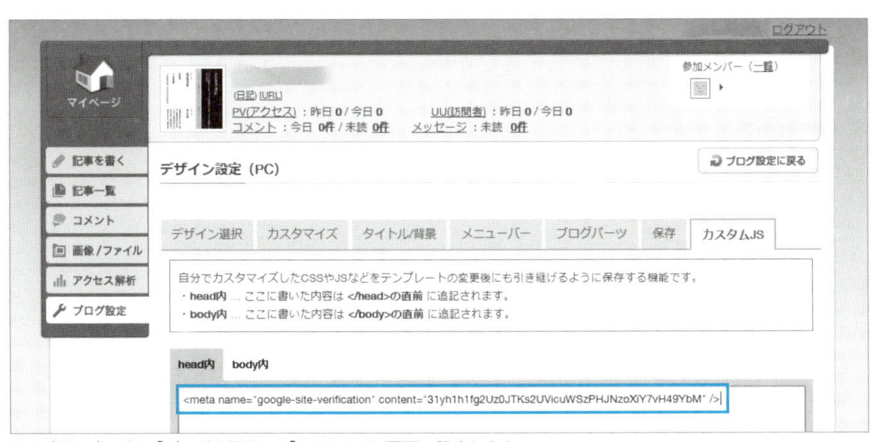

ライブドアブログは､「ブログの設定」の「カスタムJS」画面に設定します。

メモ Webサイトへ設置する方法が不明な場合

やり方がわからない場合は、Web作成ツールの提供元、あるいはWeb制作を担当した会社に聞いてみてください。

Googleアナリティクスと連携をさせよう

Googleサーチコンソールの一部の機能は、Googleアナリティクスと連携することができます。以下の手順で連携させてみましょう。

①Googleアナリティクスのサイドメニューで「集客」をクリックし、「Search Console」>「検索クエリ」をクリックし、「Search Consoleのデータの共有の設定」をクリックします1。

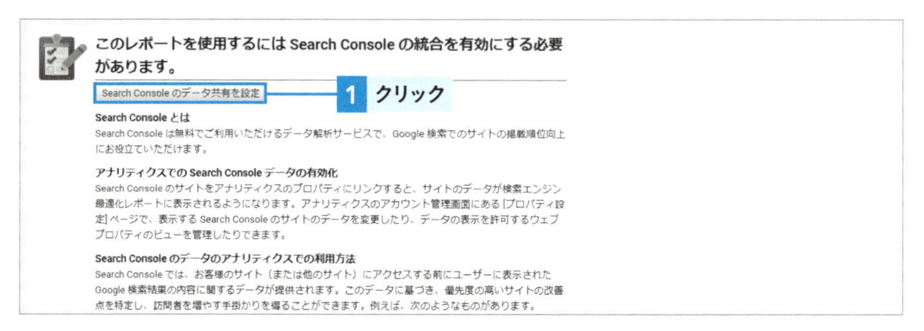

②プロパティ設定画面が表示されるので、画面下部の「Search Consoleを調整」をクリックします1。

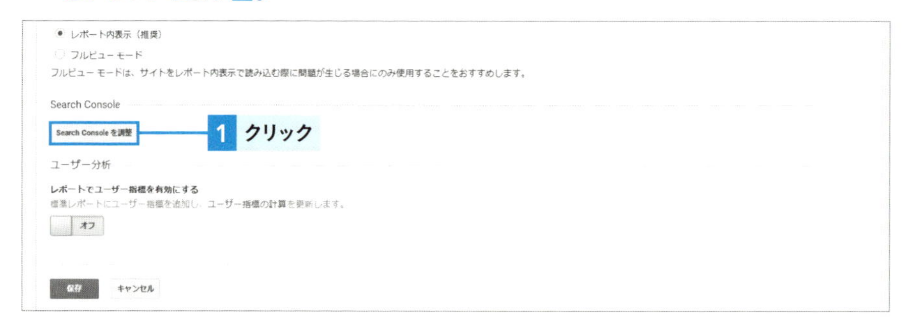

③Search Consoleの設定画面が表示されるので、「追加」をクリックします1。

Search Console の設定

Search Console のサイト

ウェブ プロパティが Search Console で確認されたウェブサイトであり、そのウェブサイトの所有者であれば、ここで Search Console のデ
ィクスでは一部のレポートでそのデータを表示することができます。

なし 編集　1 クリック

完了

④ 連携するWebサイトをクリックして選択し1、「保存」をクリックします2。

⑤「関連付けの追加」で「OK」をクリックします1。

メモ 時間をおいてからチェックしよう

すぐには数値が表示されません。1～2日おいてから、Googleアナリティクスで「集客」>「Search Console」>「検索クエリ」の画面を表示して確認してみましょう。

まとめ

Googleアナリティクスで連携できる、Googleサーチコンソールの機能は「検索クエリ」（検索アナリティクス）の他、ランディングページ、国、デバイスの4項目です。特に「検索クエリ」はチェックしておきたい項目ですので、連携しておくと便利です。

Section 56 検索キーワードを調べよう

Googleサーチコンソールには、訪問者が何のキーワードでWebサイトに来ているかがわかる機能があります。

検索アナリティクスを利用しよう

Googleサーチコンソールの「検索アナリティクス」を使うことで、Googleアナリティクスでは解析できなかったキーワードが分析できるようになります。
おもな表示データは、検索語句（クエリ）、クリック数、CTR、表示回数、掲載順位などです。

① P.198～203の設定後、P.198の操作でGoogleサーチコンソールにログインします。「検索トラフィック」の「検索アナリティクス」をクリックします 1 。 2 ～ 5 にチェックを入れると、グラフを同時表示できます。必要に応じて項目を切り替えながら、チェックしてみましょう。

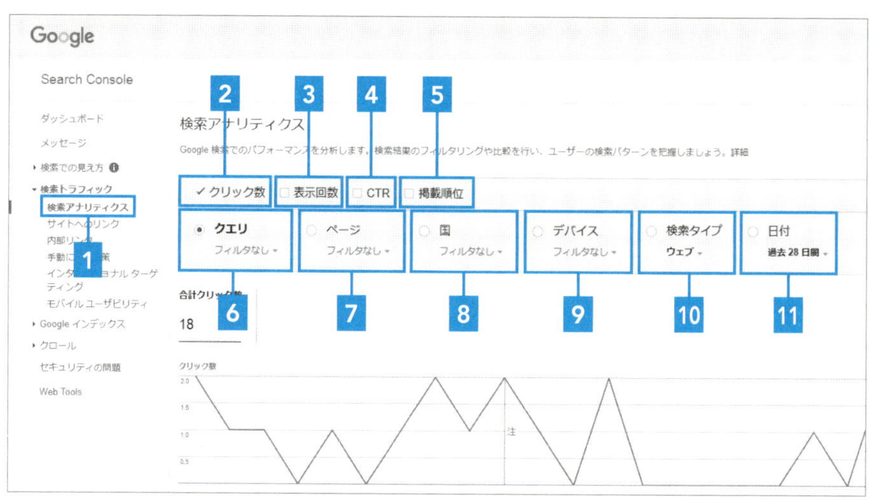

2 クリック数： 検索結果に表示されたときに、実際にクリックされた回数です。

3 表示回数： 検索結果に表示された回数です。

4 CTR：クリックスルーレートの略で、クリック数を表示回数で割った数（%）です。

5 掲載順位：該当キーワードで検索候補の何位に表示されるかです。

6 クエリ：検索キーワードです。

7 ページ：ページごとのデータに切り替えることができます。

8 国：国別にクリック数や掲載順位を表示できます。

9 デバイス：PC・モバイル・タブレットのクリック数や掲載順位を表示できます。

10 検索タイプ：ウェブ・画像・動画などに切り替えて表示できます。

11 日付：データを表示する範囲を変更できます。

代表的な改善例について知ろう

検索アナリティクスで注意すべきは、「意図したキーワードでWebサイトにアクセスがあるか」と「表示されたキーワードでクリックされているか」の2点です。

●意図したキーワードでWebサイトにアクセスされていない

SEO対策がうまくいっていない可能性があります。ページの内容を見直し、意図したキーワードが使われているかなども確認しましょう。競合のWebサイトが、ガッチリSEO対策をしていて、上位表示をさせるのが難しい場合もあります。他の似たキーワードでSEO対策をした方がよいかなどを検討しましょう。

●表示はされているが、クリック数が少ない

キーワードの表示回数はあるのに、クリック数が少ない場合は、検索結果に表示される文言を変更することで、クリック数を改善できることがあります。この場合、Webサイトのヘッダー部分に記載されている「タイトル」と「メタディスクリプション」を、書き換えてみてください。

まとめ

Googleサーチコンソールの「検索アナリティクス」を使うことで、流入キーワードに関する詳しい情報を分析することができます。クリック数だけでなく、表示回数や掲載順位など、さまざまな角度から情報を得ることができますので、状況に応じて項目を切り替えながらチェックしてみてください。

Section 57 Googleに読み込まれていないページがないか調べよう

Googleサーチコンソールには、Googleに読み込まれていないページをチェックする「クロールエラー」という機能があります。エラーがないかチェックしてみましょう。

クロールエラーとは

Googleでは、「クローラー」と呼ばれる検索エンジンのロボットが世界中のWebサイトのデータを収集しています。問題なくWebサイト内を巡回できていれば、エラーにはならないのですが、何らかの理由でクローラーがデータを読み取れないことがあります。
この場合、Googleサーチコンソールのメイン画面のサイドメニューで「クロール」>「クロールエラー」をクリックすると1、以下の画面が表示され、なんらかのエラーがあったことがわかります。

エラーメッセージの代表的な改善例を知ろう

クロールエラーの「URLエラー」で表示されるエラーの種類は、以下の3つです。
・見つかりませんでした
・サーバーエラー
・クロールを完了できませんでした
原因と対処方法は次のようになります。

●見つかりませんでした

「見つかりません」というエラーメッセージは、Googleのクローラーがアクセスしようとしたが、ページがなかったという状態です。
ページを削除したり、ページのURLを変更したときに発生する現象なので、これに関しては、それほど気にしなくても大丈夫です。

●サーバーエラー

Googleのクローラーが何らかの理由で、ページにアクセスできなかった状態です。サーバーが何らかの理由で停止している、あるいはアクセス数の増加で負荷がかかっていないかを確認します。「Fetch as Google 」を使用すると、現在Googlebot がサイトをクロールできるかどうかを確認できます。

メモ 「Fetch as Google」とは

「Fetch as Google 」は、GoogleのクローラーがWebページの持っている情報をどのように取得しているかを表示する、あるいは特定ページのURLを登録することで、インデックスを促進させる機能です。

●クロールを完了できませんでした

Webサイト上にFlash、JavaScript、DHTMLなどの機能が使用されていると、検索エンジンのクロールがページをうまく読み取れないというトラブルが起こることがあります。
動きがあるページでも、テキストがきちんと配置されているか、URLが長すぎないかなどを確認してみてください。

まとめ

ページに訪問者がない、アクセスされた形跡がない場合、クロールエラーの可能性があります。Googleサーチコンソールの「クロールエラー」を使うことで、原因の特定ができるケースがありますので、何かしら不審に思ったときは、チェックしてみましょう。

Section 58 Webサイトへのリンクを調べよう

Googleサーチコンソールには、どのWebサイトから自サイトへリンクが貼られているかがわかる「サイトへのリンク」という機能があります。これを使って「被リンク」を調べてみましょう。

Webサイトへのリンクを調べる理由を知ろう

Googleサーチコンソールの「サイトへのリンク」を使うと、どこからリンクが貼られているかがわかります。「外部リンク」や「被リンク」と呼ばれるもので、通常歓迎すべきものなのですが、関連性の低いWebサイト、あるいは内容が薄い、品質の低いWebサイトからのリンクがあると、検索順位によくない影響が出ることがあります。
どんなWebサイトからリンクが貼られているかを把握し、必要があれば対策するためのツールとして「サイトへのリンク」を使用します。

Webサイトへのリンクを調べよう

① Googleサーチコンソールのサイドメニューで「検索トラフィック」>「サイトへのリンク」をクリックします 1。「リンク数の最も多いリンク元」などのデータが表示されます。「詳細」をクリックすると、より詳しいデータが表示されます 2。

Webサイトのリンク一覧をダウンロードしよう

① P.208の画面でダウンロードしたいデータの「詳細」(ここでは「リンク数の最も多いリンク元」)をクリックし、表示された詳細ページで「このテーブルをダウンロード」をクリックします 1。次に表示される画面で「CSV形式」をクリックしてチェックを入れ、「OK」をクリックします。

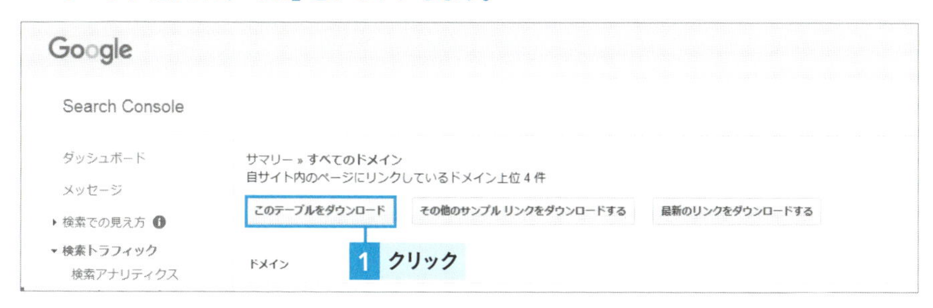

リンクを拒否する方法を知ろう

運営しているWebサイトと関連性が低いものや、内容が薄いWebサイトからリンクを貼られている場合、「リンクの否認」を使って、Googleにリクエストをすることができます。

① 「https://www.google.com/webmasters/tools/disavow-links-main」にアクセスし、必要があれば「リンクの否認」をクリックします。

Webサイトへのリンクは、通常はどこからリンクが貼られているかを調べる機能ですが、検索順位によくない影響が出ているリンクを分析するときにも使用します。外部からのリンクの数が多い場合は、CSV形式でダウンロードしてチェックしましょう。

Section 59 モバイルユーザビリティについて調べよう

Googleサーチコンソールの「モバイルユーザビリティ」機能を使うことで、モバイル表示に関する問題点を把握することができます。

モバイルユーザビリティについて知ろう

年々、モバイル環境からのアクセスが増えています。そこで、Googleサーチコンソールを使って、モバイルからアクセスしたときに、Webサイトに何か問題がないかをチェックしましょう。

メモ 「モバイルユーザビリティ」とは

ユーザビリティは「使いやすさ」「使い勝手」という意味で使われます。「モバイルユーザービリティ」は、モバイル端末での使いやすさと覚えておきましょう。

モバイルユーザビリティについて調べよう

① Googleサーチコンソールのサイドメニューで「検索トラフィック」>「モバイルユーザビリティ」をクリックします 1。問題がある場合、この画面に問題点が表示されます。

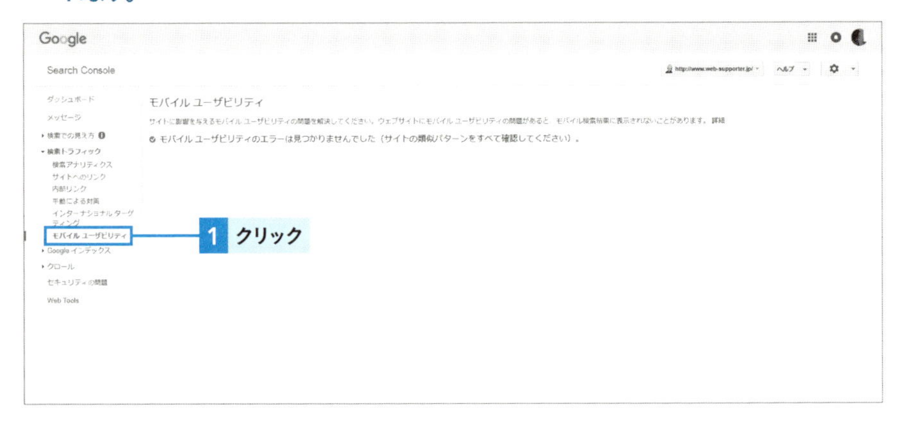

エラーレポートの代表的な改善例について知ろう

モバイルユーザビリティに表示されるエラーレポートは、以下の6種類です。

・Flashが使用されています
・ビューポートが設定されていません
・固定幅のビューポート
・コンテンツのサイズがビューポートに対応していません
・フォントサイズが小です
・タップ要素同士が近すぎます

原因と対処方法は次のようになります。

●Flashの使用を停止しよう

Flash形式の動画は、モバイル端末では表示することができません。もし使用している場合には、Flashを使わないか、もしくはモバイルにも対応した形式で動画が表示できるよう変更するようにしましょう。

●モバイル幅に合わせたサイズも用意しよう

PC表示にしか対応していないWebサイトであれば、モバイル端末で最適表示なる形式も用意しましょう。閲覧する端末の幅に合わせて自動で表示幅が切り替わる「レスポンシブ」タイプがおすすめです。

●フォントサイズを最適化しよう

フォントサイズが小さすぎる場合は、最適なサイズに変更しましょう。

●タップ要素を見直そう

ボタンやリンクなど、タップするときの要素同士が近すぎると、閲覧者が離脱する可能性があります。ボタンのサイズやリンクのスペースを検討しましょう。

まとめ

モバイルユーザビリティを使うと、モバイル端末で見たときの問題点を確認することができます。また、似たようなツールに「モバイルフレンドリーテスト」(https://search.google.com/test/mobile-friendly) があります。Webサイトが、モバイルに対応した表示になっているかチェックできますので、合わせて使ってみるとよいでしょう。

Section 60 ページの存在をGoogleに伝えよう

新しいページを作成した、あるいは新規でWebサイトを作成したときは、Googleに伝える機能を使って早く検索結果に表示されるようにしましょう。

GoogleにWebサイトを伝えよう

Googleサーチコンソールを開設すると、Googleに新しいサイトを伝えるための機能を使用することができます。以下の手順で登録しましょう。

なお、URLを伝えるページに「送信されたすべてのURLがインデックスに登録されるとは限りません。送信されたURLがインデックスに表示される時期について、予測や保証はいたしかねますのでご了承ください。」という記載があります。経験上、この機能を使用すると1週間ほどで検索結果に出るようになることが多いのですが、時期は保証できないことをあらかじめ覚えていてください。

① 「https://www.google.com/webmasters/tools/submit-url?hl=ja」にアクセスすると、以下のような画面が表示されます。

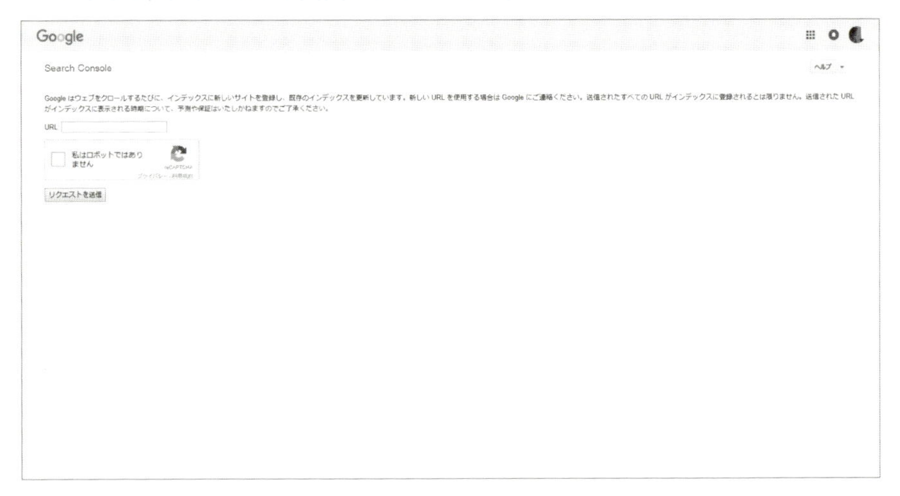

② 新しく作成したWebサイトのURLを入力します1。

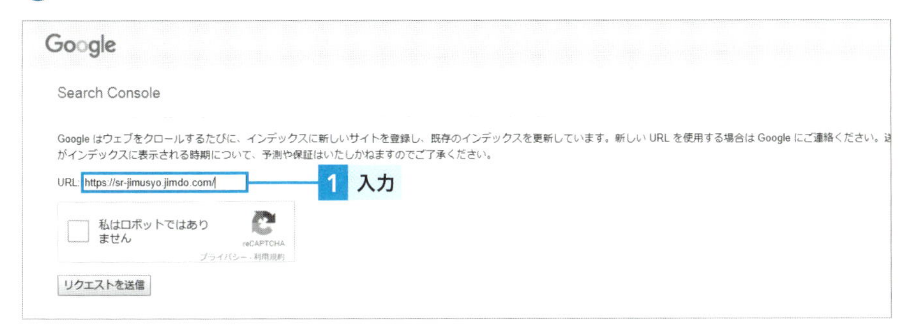

③「私はロボットではありません」をクリックしてチェックを入れ1、「リクエストを送信」をクリックします2。

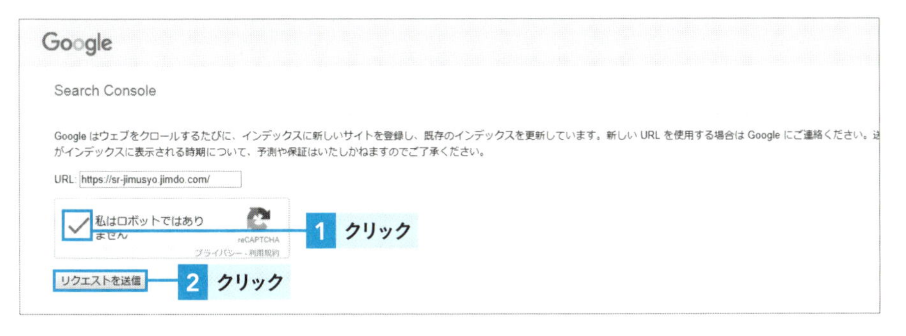

④ 正しく送信されると、上部にメッセージが表示されます。

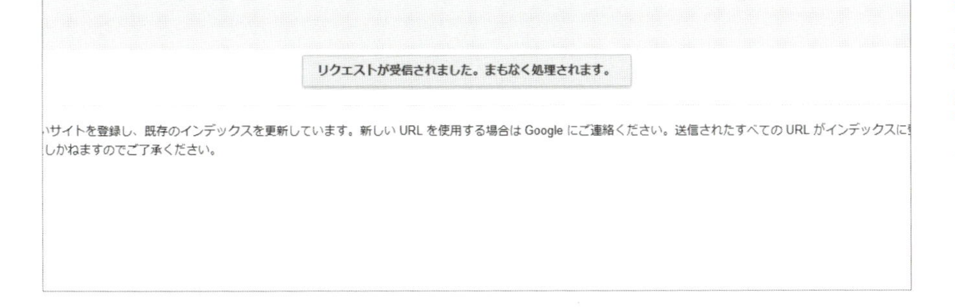

まとめ

新しく作成したWebサイトがなかなか検索に表示されない場合、Googleサーチコンソールにある、URLを伝える機能を使ってみましょう。この機能は、Googleサーチコンソールのアカウントを開設していること、そしてログインしていることで使用可能になりますので、注意してください。

付録 1

Google Chromeをインストールしよう

Googleアナリティクスはどのブラウザからでも利用できますが、同じGoogleが提供するChromeブラウザから利用するのが便利です。ここでは、Chromeブラウザのインストール方法を紹介します。

Google Chromeをインストールする

① ブラウザ（ここではMicrosoft Edgeを使用）で、「https://www.google.co.jp/chrome/browser/desktop/index.html」を表示し、「Chromeをダウンロード」をクリックします1。なお、Windows版64ビット以外のChromeをダウンロードする場合は、「別のプラットフォーム向けのChromeをダウンロード」をクリックして選択します。

② 次に表示される画面で、「同意してインストール」をクリックします1。

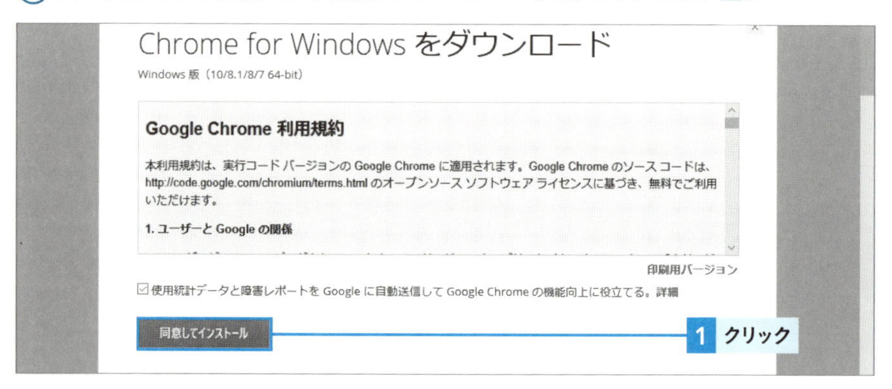

③ Microsoft Edgeでは、下部に画面のようなウィンドウが表示されるので、「実行」をクリックします1。

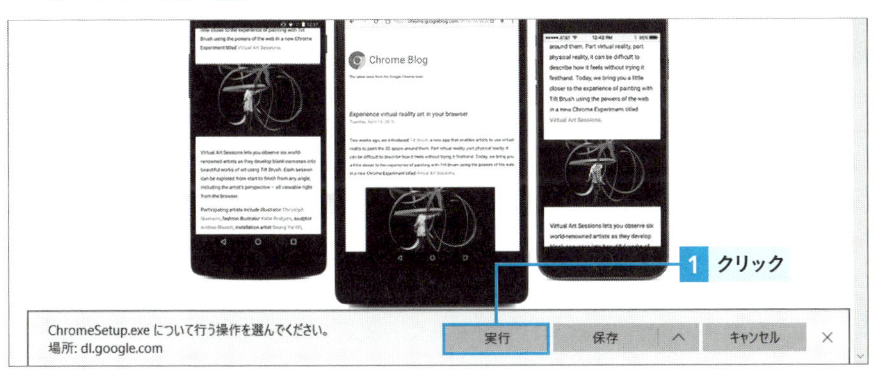

④ ダウンロード画面が表示され、次にインストール画面が表示されます。

⑤ インストールが終了すると、Google Chromeが起動します。

付録2 Googleアカウントの取得方法を知ろう

Googleアナリティクスを利用するには、Googleアカウントが必須です。ここではGoogleアカウントの取得方法を紹介します。なお、Googleアカウントを取得すると、同時にGmailのアドレスも取得することができます。

Googleアカウントを取得する

① ブラウザで、「https://accounts.google.com/SignUp?hl=ja」を表示し、右側の各項目を入力して1、「次のステップ」をクリックします2。

② 次の画面で最下部までスクロールして1、「同意します」をクリックします2。

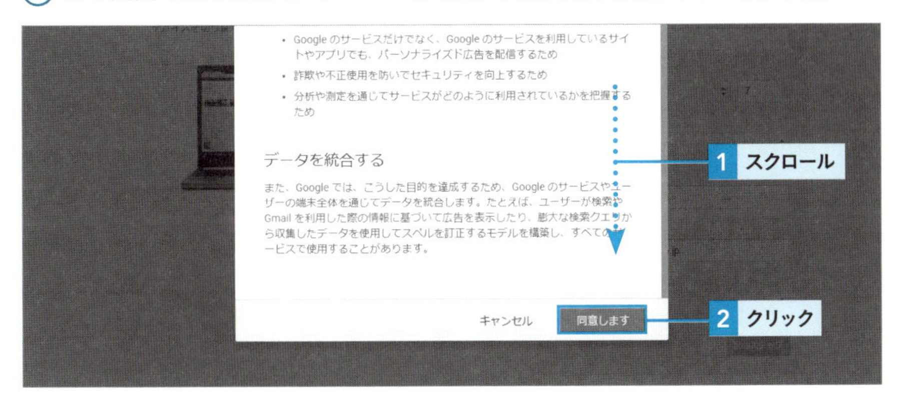

③ この画面が表示されたら、携帯電話会社のメールアドレスを入力してメールを受け取るか、音声通話を選択して音声でコードを受け取り、次の画面でコードを入力します。

Google

アカウントの確認を行ってください

アカウントの利用を開始するには、アカウントを確認する必要があります。

携帯電話のメール アドレス

gihyotaro @ docomo.ne.jp

・通常のテキスト メッセージ料金がかかります。

コードの受け取り方法

● テキスト メッセージ（携帯電話のメール）

○ 音声通話

次へ

④ これでGoogleアカウントが作成され、Gmailも利用できるようになります。

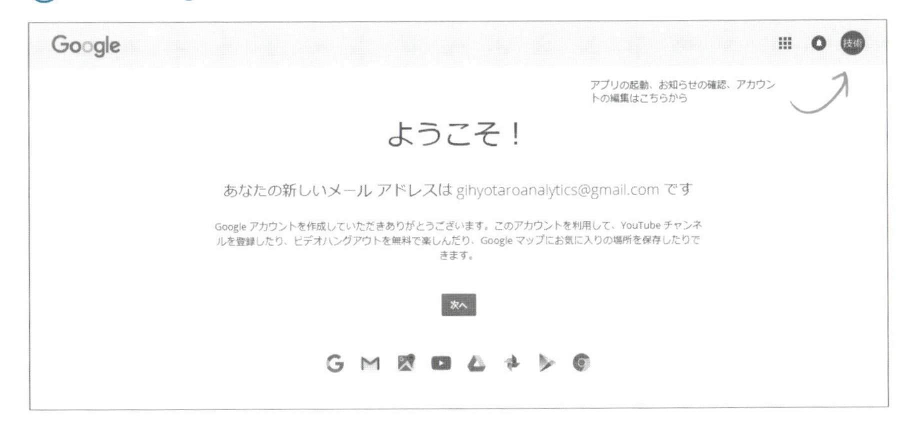

Googleアナリティクスを理解するための用語集

Direct（ダイレクト）
Directは、参照元が不明な訪問です。Webサイトのアドレスの直接入力、アプリ経由での訪問、あるいはブックマークからの訪問などが該当します。

Google Search Console（グーグル サーチ コンソール）
Google検索結果における、Webサイトの状態を監視・管理できるGoogleの無料サービスです。Googleアナリティクスでは、ほぼ解析できなかった検索のキーワードを分析する機能があります。

not provided（ノットプロバイデッド）
Webサイトの訪問者が検索したキーワードが解析できなかったときに、Googleアナリティクス上に表示される文字です。代替の分析ツールとして、Googleサーチコンソールの「検索クエリ」を使用します。

Organic Search（オーガニックサーチ）
「自然検索」とも呼ばれ、検索結果として表示される広告以外の部分を指します。

Page Analytics（ページアナリティクス）
Google Chromeの拡張機能です。Webサイト上のリンクが、どのぐらいクリックされているかがわかります。

Referral（リファラー）
Webサイトへの訪問者が流入する時に利用したリンク元のページです。「流入元」のうち、Organic SearchやSocialを除いたものになります。

Social（ソーシャル）
FacebookやTwitter、Youtubeなどからアクセスしてきた訪問者です。

イベントトラッキング
通常のGoogleアナリティクスでは計測できない数値を分析する機能です。PDFのダウンロード数や動画の再生数などを計測することができます。

ウィジェット
「マイレポート」に表示させるデータのひとかたまりです。

オペレーティングシステム

デバイスやアプリを動かすための基本的なソフトウェアのことです。代表的なものに、WindowsやMac、iOS、Androidなどがあります。

カスタムレポート

独自のレポートが作成できる機能です。ディメンションや指標を選択し、オリジナルのレポートを作成できます。

検索クエリ

Googleサーチコンソールの機能です。検索されたキーワードや表示回数、キーワードに対するクリック率などがわかります。

コンバージョン

「転換」とも呼ばれ、Webサイトにおける目標の達成を意味します。ネットショップであれば「購入」、企業サイトであれば「資料請求」「お問い合わせ」などです。

サービスプロバイダー

インターネットへの接続を提供している会社です。Googleアナリティクスでは、Webサイトの訪問者が利用しているサービスプロバイダーを調べることができます。

サイトコンテンツ

Webサイト内のページのことです。Googleアナリティクスの「サイトコンテンツ」では、どのページがどのぐらい閲覧されているかがわかります。

サマリー

レポートの概要です。「ユーザー」「集客」などの項目ごとに、全体を把握することができる機能です。

参照サイト

外部のWebサイトからの訪問者が、どのリンクをクリックして流入してきているかがわかるデータです。ドメインごとに個別データが表示されます。

指標（しひょう）

ディメンションが集計するときの「区分」や「項目」であるのに対し、指標は数値を表します。

新規セッション率

特定の期間内にWebサイトに初めて訪問したユーザーの、全体セッションに対する割合です。

新規ユーザー

Webサイトに新規で訪問したユーザーのことです。ここでの「新規」は、過去2年以内にサイトを訪問したことがないことを表します。

セカンダリ　ディメンション

分析する区分をさらに細分化して分析したいときに使用します。たとえば、「ページコンテンツ」で表示される人気ページの中で、新規とリピーターのどちらが多いかなどです。

セグメント

Googleアナリティクスのデータの一部で、セッションやユーザー単位で絞り込みをかける機能です。独自で作成することも可能です。

セッション

訪問者がWebサイトを閲覧し始め、離脱するまでの一連の行動を「セッション」といいます。操作がない状態で30分を経過すると、セッションが終了になります。30分以上無操作の状態で、再度同じ閲覧者がWebサイトを訪れた場合は、2セッションとなります。

チャネル

Webサイトへの流入経路を10種類に分類したものです。「Organic Search」「Direct」「Referral」「Social」などが該当します。

直帰率（ちょっきりつ）

Webサイトを訪れたセッションのうち、1ページしか閲覧せずに離脱した訪問者の数です。1ページのみのセッション数をすべてのセッション数で割った値です。

ディメンション

Googleアナリティクスで集計するときの「単位」や「区分」「項目」などです。「指標」と組み合わせて使用します。プライマリ ディメンションを意味することもあります。

デバイス

Googleアナリティクスでは、パソコンやスマートフォン、タブレットなど、Webサイトを閲覧するときに使用した機器です。また、特定の機能を持つ電子機器や部品、あるいは周辺機器一般を指すこともあります。

デフォルト

直訳すると「初期状態」です。Googleアナリティクスでは、分析するWebサイトの「トップページ」を指します。

トラフィック

一般的にはインターネット上の通信流量のことですが、Googleアナリティクスでは「流入元」や「参照元」のことを指します。

平均セッション時間

特定の期間内における各セッション時間の合計を、総セッション数で割った値のことです。1セッションに対する滞在時間の平均値です。

ページビュー

特定の期間内に、Webサイト内のページに何回閲覧されたかを表す指標です。1人が3ページ閲覧した場合、3ページビューと数えます。

マイレポート

重要度の高いレポートや、よくみる指標を、複数のウィジェットとして表示できる機能です。一度に複数の指標を表示できるので便利です。

ユーザー

特定の期間内に、Webサイトへの訪問した人数から、重複を除いた人数です。ブラウザ単位でカウントされ、「cookie」という仕組みを用い、2年間は同じユーザーと判断されます。

ユーザーフロー

Webサイト内でのユーザーの移動経路を、ビジュアル化したレポートです。

ランディングページ

閲覧者がWebサイトに訪問したときに、一番最初にアクセスしたページのことです。

リアルタイム

Googleアナリティクスを表示している最中のアクセス状況を確認できる機能です。

離脱ページ（りだつぺーじ）

Webサイトに訪れた訪問者が最後に閲覧したページです。つまり閲覧者が、そのページを最後に、ブラウザを閉じたり別のWebサイトへ移動したということです。

離脱率（りだつりつ）

Webサイトを訪れたセッションのすべてのページビューの中で、そのページがセッションの最後のページになった割合を表します。

リピーター

過去2年以内でサイトを訪問したのが2回目以上のユーザーです。

レポート

Googleアナリティクスの分析結果のことです。

Index

た

は

ま

や

ら

著者プロフィール

志鎌 真奈美（しかま まなみ）

Shikama.net代表

北海道函館市生まれ。北海道教育大学函館校卒業。千葉県市川市在住。

1997年よりWeb制作を始める。ソフトウェア会社のWeb制作部門に5年間勤務後、2002年4月に独立。Web制作・企画・運用・執筆、システム構築などに従事。講師やセミナー活動にも精力的に取り組んでいる。

Jimdo Expert／ウェブ解析士／中小機構販路開拓支援アドバイザー／JASISAビジネスプロデューサー

Webサイト：http://www.shikama.net

編集●矢野智之、宮崎主哉

デザイン●吉村朋子

カバー／本文イラスト●オオノマサフミ

DTP／本文説明イラスト●リンクアップ

[お問い合わせについて]

本書に関するご質問については、本書に記載されている内容に関するもののみとさせていただきます。本書の内容と関係のないご質問につきましては、一切お答えできませんので、あらかじめご了承ください。また、電話でのご質問は受け付けておりませんので、必ずFAXか書面にて下記までお送りください。なお、ご質問の際には、必ず以下の項目を明記していただきますようお願いいたします。

1 お名前
2 返信先の住所またはFAX番号
3 書名
（これならわかる！ Googleアナリティクス 今日からはじめるアクセス解析超入門）
4 本書の該当ページ
5 ご使用のOS とソフトウェアのバージョン
6 ご質問内容

なお、お送りいただいたご質問には、できる限り迅速にお答えできるよう努力いたしておりますが、場合によってはお答えするまでに時間がかかることがあります。また、回答の期日をご指定なさっても、ご希望にお応えできるとは限りません。あらかじめご了承くださいますよう、お願いいたします。

※ご質問の際に記載いただきました個人情報は、回答後速やかに破棄させていただきます。

[問い合わせ先]

〒162-0846 東京都新宿区市ヶ谷左内町21-13
株式会社技術評論社 書籍編集部
「これならわかる！ Googleアナリティクス
今日からはじめるアクセス解析超入門」質問係
FAX 番号 03-3513-6167
http://book.gihyo.jp/

これならわかる！ Google（グーグル）アナリティクス

今日（きょう）からはじめるアクセス解析超入門（かいせきちょうにゅうもん）

2018年3月31日 初版 第1刷発行

著者 志鎌真奈美（しかままなみ）
発行者 片岡巌
発行所 株式会社技術評論社
東京都新宿区市谷左内町21-13
電話 03-3513-6150 販売促進部
03-3513-6160 書籍編集部
製本／印刷 日経印刷株式会社

定価はカバーに印刷してあります

落丁・乱丁がございましたら、弊社販売促進部までお送りください。交換いたします。

ISBN978-4-7741-9644-2 C3055
Printed in Japan